职场必胜十法则

10 Principles to Win in the Workplace

陆凡／著
安妮／绘

10 PRINCIPLES TO WIN IN THE WORKPLACE

图书在版编目（CIP）数据

职场必胜十法则/陆凡著．—北京：中国发展出版社，2017.3（2020.7重印）

ISBN 978-7-5177-0658-8

Ⅰ.①职… Ⅱ.①陆… Ⅲ.①成功心理—通俗读物 Ⅳ.①B848.4-49

中国版本图书馆CIP数据核字（2017）第043387号

书　　名：职场必胜十法则
著作责任者：陆　凡
绘　　图：安　妮
出版发行：中国发展出版社
联系地址：北京经济技术开发区荣华中路22号亦城财富中心1号楼8层（100176）
标准书号：ISBN 978-7-5177-0658-8
经 销 者：各地新华书店
印 刷 者：三河市东方印刷有限公司
开　　本：880mm×1230mm　1/16
印　　张：8.75
字　　数：217千字
版　　次：2017年3月第1版
印　　次：2020年7月第3次印刷
定　　价：25.00元

联系电话：（010）68990642　68990692
购书热线：（010）68990682　68990686
网络订购：http：//zgfzcbs.tmall.com//
网购电话：（010）68990639　88333349
本社网址：http：//www.develpress.com.cn
电子邮件：fazhanreader@163.com

推荐序　PREFACE

陆凡博士在过去的10余年里，一直致力于从事儿童、青少年、职场人士的品格教育。《职场必胜十法则》积累了她几十年在品格教育第一线的经验，非常适合即将就业的大学生、正在职场奋斗的专业人士，以及希望提升自身素养的社会大众阅读。

在全世界，犹太民族普遍性地把对下一代的教育当作是社会和家庭生活的头等大事，也因此使以色列在如此恶劣的世界环境下，能够立国而且如此之强大。但是，今天中国的教育却成为几乎全国人民都不满意的事情。究其根源，我认为是应试教育体系对下一代在体力上、智力上施加了远超乎其能够承受的压力，导致在片面“成为优秀”的名义下，忽略甚至是放弃了“教育是把下一代培养成为一个合格的人，成为一个高尚的人”这样一个根本。

陆凡博士在书中把诸条职场必胜法则比喻成房子的根基、房梁和架构。若真以房喻人的话，我认为一个合格的人需要有向上突破发展的创意（屋顶），也要有目标计划、沟通协作、时间管理这些生活和职业技能做支撑（房柱），同时最需要的，是正确的职业化理念（价值观），即具有良好的职业素养（房基）。因此，育人的核心是培育年轻人具有优秀的品格，例如能够尽责、善良豁达、怀有感恩之心、有团队精神、乐于助人、不抱怨自卑、受教易学等，这样的人，一定具有幸福感，结合必要的技能培训，定能胜任于职场和生活。

看看那些知名企业对好员工的定义，就会让我们明白品格素养这个根基有多么重要。世界500强的IBM公司认为好员工应该具有诚实与正直的品质、充分的自信心、积极主动的精神。微软（Microsoft）则期待员工对产品保持起码的兴趣与好奇心，在工作中具备诚实、敬业等美德。索尼（Sony）公司流传着这样一句话：“如果想进入公司，请拿出你的忠诚来。”看来，这些公司希望招到的是忠诚、正直、自信、积极、好学的员工。以我三十年的从业经验来看，这些素养根基是最重要的，也正是陆凡博士这本书想告诫年轻人的。

就像柏拉图所说，教育是培养高尚的人。我所带领的贵州盛华职业学院的校训是“诚信、爱心、高尚”。我们一直致力于的，就是培育学生具有各种能力（品格力、学习力、工作力等）。阅读陆凡博士的这本书，既能在品格素养上提升自己，又能学到许多职场技能，帮助你成为一个胜任职场、生活幸福指数高的人。这样一个合格的人是一个迈向成功的人，也一定是一个讲诚信、有爱心、具有高尚品格的人。

感谢陆凡博士通过这本书给了我们一份精神大餐。

孙伟　博士　2017年3月3日于贵州

贵州盛华职业学院志愿者、执行校长

北京航空航天大学软件学院创始院长

北京软件行业协会执行会长

威爱教育创始人、CEO

前言　FOREWORD

每个人都想收获成功，初涉社会的人都希望在职场上大获全胜。工作两年的丁丁在公司辛苦工作，感叹自己没有获得成功，倒是收到许多来自老板的批评和老员工的脸色。这次他听说某成功大师来他所在的城市开设成功学讲座，就下决心买了一张票，盼望跻身成功者之列，要知道，这样一堂课的入场券，要上万元。请问，你觉得他能如愿吗？

著名媒体评论人梁宏达先生曾在一期《老梁观世界》中，面对目前网络、书店、社会上极力吹捧的一些“职业培训大师”“国学应用大师”“宗教智慧大师”，以及云涌般的中小企业主、公司主管、各界人士的追逐、膜拜的现象，精辟分析为什么大众容易被“唬住”。大师的真实身份和其中的水分有多少？他认为成功是无法复制的，人能学到的只是经验教训。每个人的成功，都有其各自的努力、特点和独特的机遇，复制成功的确是美好的愿望，但几乎是不可能的。人重要的不是盲从，而是具有独立思考能力，把重要的时间和力量分配在提高自身素养上。

我与梁先生同有一感，在《认识你真好》与《智慧生涯规划》中，反复所提及的，就是所谓成功的定义，“成功就是活出自身的价值”。我们作为老师、父母的，就是告诉学生或孩子自己失败的经验教训，督促他们提高自身素养，以期他们可以把人生这条路走得更好。

其实，经过这十几年的品格教育，特别是更多从事职业素养培训后，我更推崇的，不再是所谓的成功学，而是一种生命的得胜。普遍意义的成功学，以地位、金钱等物质目标为导向，吸引一个人终身奋斗。而生命的得胜，则更侧重于提醒人有尊贵性、使命性，具备生命动力和生命潜能，借着生命的突破、改变和成长，使人不仅能胜任职场、家庭和睦，也能发挥出该有的价值和社会影响力。个人奋斗的成功，虽然可使人有物质和精神上的满足，但若没有和人的生命力发生关联，人的心还是无法持久满足，这或许就是尊贵的人性与盲目求生存的动物间最大的区别了。而一个注重品格，奉行生命改变的人，自然就具备一种必胜的能力，不仅能活出上天所赋予的使命和价值，也逐渐在事业上成功了，生活中幸福了。

前一段我推荐给老友几名实习生。结果，这些送出去的实习生，要么不想吃苦，抱怨连连；要么受不了大城市物质差距的刺激，每天抑郁；只有约1/3的实习生是勤奋认真的，但也在实习中，表现出缺乏相应的沟通能力。看来职业素养时的教育还要加紧，生活能力的培育还要加强。因此，在老友的鼓励下，我拿出十年前与世界教育在培育校外青少年职业素养时的讲稿，结合这十几年的职业培育心得，完成了这本《职场必胜十法则》。

这每一条法则，如尽职尽责、受教易学、感恩豁达、忠诚敬业等，其实是一个个价值观，它们就好像地基、柱子和房梁一样，架在人的心中，撑起一栋栋的房子。而有了这样的架构（价值观体系），每个人结合各自的生命特质、价值属性，思考改变，就可以装饰出形态各异、结实坚固的房子，而这房子就好比人的生命。就像丁丁，他不能只是去学习别人外在的东西，人的价值在自己的里面。生命状态对了，自然就可以遮风避雨，也定能承载荣耀和幸福。

当然，首先要做的，就是拆毁旧的房子和根基。例如，若是可以把一切与人互动中的矛盾、冲突、挣扎，都化作扩大自己心胸的动力，不知不觉，豁达和恩慈就成为人的生命，而自私、嫉妒等旧的生命价值观就被拆毁。因此，所谓的成功是无法复制的，只有在自己的生涯之路上，谦卑下来，不断学习，愿意改变，人才可能具备职场必胜的能力。丁丁若是有颗虚心受教的心，根本不必花高价购票，他的周遭，一定有可以给他建议的“天使”存在。他若听得进去，职场就成为他生命的训练场，他也会渐渐拥抱只属于他自己的成功。

这是一本写给职场新兵的书，也是一本职业培训的入门手册，可以作为大学生的就业指导，也可帮助职业人士提高自身的职业素养。书中结合大量的职场案例，总结了很多“成功人士”的宝贵经验，图文并茂，还有真人真事改编的电影和精彩的短片提供讨论思考。这些都要感谢一贯支持我的朋友们，感谢郭小华女士的持续鼓励；感谢绘图师安妮老师及云霄女士绘制了大量的插图；感谢伍志千、肖微微、宋小利等在审稿和校订时给予的大力协助；感谢孙伟博士在推荐文中不吝美辞……若是没有你们，这本书将无法问世。在此一并谢谢大家！

有人说，丰富自己，远比取悦他人更有力量。笔者真心希望，借着《职场必胜十法则》，可使当代的年轻人脱离浮躁、去掉马虎、拒绝抱怨，听得进建议，能把一切的不足和失败，都化作生命的动力，也因此能挖掘出自身的生命潜力。若是你想问，我很想做一个在生命上得胜的人，我的成长目标是什么？那就努力做一个讲诚信、有爱心、品行高尚的人吧！

这样的人，一定能做到职场必胜！你若盛开，蝴蝶自来！你若精彩，天自安排！

作　者
2017年2月

目录　CONTENTS

尽职尽责不马虎

一、影片欣赏

《危情时速》，Unstoppable，根据美国俄亥俄州 2001 年 CSX8888 次铁路事故改编而成，讲述被勒令提前退休（退休金减半）的老驾驶员弗兰克，和触犯法规暂时不能见妻儿的新列车长威尔，如何化敌为友、历尽艰辛，成功停下一列无人驾驶失控列车（777 号）的故事。否则失控列车将开往人口密集的市镇，随时发生事故，会造成巨大的人员伤亡和经济损失。

1. 主要人物

弗兰克：1206 号老练机师，即将（被）退休，却坚守职业道德，冒生命危险解除危机。

威尔：1206 号列车年轻气盛的菜鸟列车长，与弗兰克一起停下随时可能爆炸的 777 号列车。

康妮：列车调度中心主任，巧妙斡旋，协助 777 号列车停下来，最后升职到副总。

内德：焊接技师，被康妮指派负责切换轨道及追踪列车，他锲而不舍，适时提供了帮助。

高尔文：公司总部副总裁，康妮的老板。由于处理事故不当，采用愚蠢手段而被解职。

杜威：777 号列车驾驶员，因其疏失而差点酿成一场大灾难。

贾德：应急机车驾驶员，本已接到退休通知，却为停下列车而光荣殉职。

斯科特：国家安全督察员（讲解安全课），热心提供建议，助力解除危机。

2. 影片讨论

2.1　请问，事故的起因是很大的失误，还是小小的疏忽？请回忆并列出造成危机的起因。

2.2　影片中的每个人，在列车失控之后的态度有何不同？
有的人，如____________，本是自己的责任，却还懒散推脱；
有的人，如____________，不是自己的责任，却不顾危险，坚守职业道德，勇于担责；
有的人，如____________，出了状况，助力解危，尽量挽回损失。

2.3　工作中，我们到底应该向谁尽职尽责？

2.4　影片中为什么威尔（Will Colson）无法集中精力，恍恍惚惚，以至于多挂了车厢？

2.5　这次危机得以化险为夷，是一个人的功劳吗？请列举你认为有贡献的人物。

二、做好本职

1. 细节决定成败

电影《危情时速》清楚地展示，事故的起因并不是什么重大的失误，而是源于数个小小的疏忽。例如，应急气阀没接好，匆忙换电池没听到指令，驾驶员私自离开驾驶室，挂错挡，等等。正是这些看起来并不起眼的小问题，最后导致了失控列车险成炸弹的局面。

法国“银行大王”恰克，年轻时曾先后52次找同一家银行面试谋职，均被董事长拒绝。当他最后一次被拒绝，正落寞地从银行走出时，不经意看见银行大门前的地上有根大头针，便弯腰把它捡了起来。出乎意料，第二天他收到了银行发来的录用通知书。原来，恰克弯腰捡大头针的行为，恰好被董事长看见了。很显然，董事长赞赏这种为他人着想和细心严谨的品质。

小小的疏忽足以造成777号列车危险失控，而另一方面，细心严谨却为不轻易放弃的恰克打开了入职之门。有经验的领导都知道，细心严谨的人，认真负责，可将工作做到尽善尽美。那辆危机重重的777号列车，最终被停下来的突破点也是缘于一个细节：弗兰克回头瞥见777号最后一节车厢所露出的钩子，从而想出从车尾倒挂车厢使之减速的办法。看来，轻忽细节能造成致命损失，而看重细节却可使危情出现转机。难怪有人说，细节决定成败。要想把工作做好，尽到当尽的职责，能够看重细节，具有细心严谨的品质，是职场必胜的重要法则。

尽职：看重细节，细心严谨。

2. 种什么收什么

人们常把工作中的疏忽称为“失职”，不认真履行工作职务的人，会造成单位的损失，同时也在丧失职业道德，甚至会失去工作。就如生命公式所说，“种什么就收什么”。影片中杜威因疏忽失职，后来到快餐店谋生；而弗兰克因尽忠职守，则收到公司的奖励和延聘通知。

某公司内部财务审核，发现某两个月的支出大大超出预算，原来某会计人员把厂房租金，每月多支付一次。就是这位财会人员，每当别人提醒他再检查一次财务报表时，他都会拍拍胸脯说：“出了事我负责。”有一年，他高兴地在公司高层会议上宣布，今年公司的营收大大提高。总裁听后，非常开心，就签核批准了一项扩大采购计划。结果，在年度审核时发现，这位会计人员点错了一个小数点，因而把实际年收入扩大了十倍！而此时采购计划却早已实施。

某儿童医院同一天有两名儿童手术，时间相差十几分钟。当时只有一辆手推车，护士懒得跑两趟，就把两个患儿放在同一辆车上，推进手术室后，也未核对患儿病历。结果，要做扁桃体肥大摘除的患儿失去了胆囊，而喉管正常的儿童却留下了咽部刀痕。

这些案例说明什么？小马虎会演变成大问题！一个小数点错误会导致公司财产损失，波及成百上千员工的薪资；护士的懒惰马虎，为两个小生命造成了终身的损伤；777号驾驶员的疏忽，造成几个城镇居民的被迫转移，有人在事故中还失去了宝贵的生命。

请问，你负得起这样的责任吗？影片中，弗兰克曾告诫威尔，不认真的话，虽然在培训里只会得零分，但在工作现场就是死。马虎的破坏力不会仅限于人能掌控的范围，事情的后果会转移和扩大的。因此，马虎万万要不得，我们不能轻忽工作职责，必须认真对待！

尽职：仔细认真，避免马虎。

3. 态度决定高度

毋庸置疑，片中的每个小疏忽都是可以避免的。原 777 号驾驶员杜威的一天从烦躁和抱怨开始，这样的态度，说明他根本没进入工作状态，注定工作质量不会好。

在实际工作中，我们的确应当认真负责，看重细节，尽量把事情做好。但有时某一环还是出了问题，这时候每个人的态度如何，对于化解危机，解决问题也是至关重要的，因为态度决定高度。

片中有位人物贾德，虽为公司辛苦工作了 30 年，却意外收到了提前退休通知。他一定有养家糊口的压力，心中对公司处理老员工的方式也会有所不满。但当危机出现时，他挺身而出，在试图停下列车的尝试中，献出了宝贵的生命。杜威和贾德的态度相差是如此之大！

777 号列车失控后，康妮、内德等人迅速反应，临时参观的斯科特也帮助出谋划策，大家一起面对；1206 号列车的弗兰克、威尔，本不是自己的责任，但看到 777 号的危机逐渐扩大，也不顾危险，加入化解危机的团队；而事故起因的制造者杜威等，却还在骂骂咧咧，怨天尤人。

杜威等人的马虎，正是反映了由于心不在焉等态度问题所导致的操作不当。例如，业务不精通，认为不接气阀没关系，私自跳出驾驶室，未研究 777 号列车的性能而挂错了挡，反而使无人驾驶列车加速运行……这些都说明不熟悉本职工作，不钻研相关技术，根本无法做好本职工作。我们在感慨贾德、弗兰克等人愿意牺牲、坚守职业道德之可贵态度的同时，也要切记，职业人必须具备一种基本的工作态度：了解岗位职责，研究本职工作，熟悉操作规程并严格执行。

尽职：熟悉岗位，精通业务。

4. 在听上下功夫

若是你想问，怎样开始看重细节呢？有一个秘诀，就是在“听”上下功夫。

内德听清楚了老板康妮的指示，锲而不舍地追赶列车，出色地配合威尔停下了火车。若想完成好本职工作，听清楚老板的指令，是顺利完成任务的首要环节。

很多人在倾听时，都是在边听边揣摩别人的意思，其实不如耐下心来，先仔仔细细听清楚别人说的每个字。带着自己的意思去听，最容易听错。当我们的心好像一张白纸时，安静的心底自然会浮现出对方隐含的意思，或是那些更深层次的智慧开启。（可参考图书《认识你真好——7 个秘诀助你与人相处得心应手》，有关倾听的四个层次。）而习惯于听个大概的人，往往疏忽了细节，遗漏了重要内容，甚至还可能做出与老板要求相反的结果！

做好本职工作，是完成老板的意思，而非我们自以为的意思，因此，在“听”的时候，不能带着自己的意思，并且听后还要确认。当着老板的面复述一遍，帮助你完全掌握老板的意思。

怎样可以听清楚老板的意思呢？

√ 完全倒空心，像一张白纸；

√ 集中注意力，眼耳心并用；

√ 手勤做记录，全面加细节；

√ 不轻易打断，不懂要询问；

√ 避免错与漏，要学会确认。

尽职：准确完全，听清指令。

5. 向谁尽职

论到尽职的对象，首先就是我们的主管上级。影片中，列车一出状况，杜威等马上找到他的老板——康妮，康妮则及时向高尔文汇报，而高尔文等高管是向谁报告呢？那位在打高尔夫球的大老板。看来，在日常工作中，人需要执行公司设立的汇报制度，顺从上级。

有很多人，常常挣扎在与老板的相处当中。他们不明白在工作中为何要听从老板，也无法顺服上级，有的还觉得老板没自己本事大，没必要顺从。老板其实代表了一种权柄，就如同父母、长辈、老师等也都是权柄一样，他们在工作次序中是我们的上级。有的人把权柄比喻为“降落伞”或“雨伞”。没有人在跳伞时，愿意跑到伞的上方，因为那样很不安全。下雨时，若自己把脑袋伸在外面，多大的伞都无法为我们遮风挡雨。看来，权柄的设立，原本是想保护人的。难怪有人说，顺服就是蒙福，尊重次序是有智慧的。

然而，影片中当大老板高尔文问弗兰克，为什么已经收到解聘书还要冒险救777号列车时，弗兰克却回答他：“这不是为你做的！”多么令人感动的一幕，包括那位牺牲的贾德和受伤的海军陆战队士兵，他们冒险、牺牲，并非仅为了工作上的老板，也不是为了钱，而是出于爱心。

当危机的波及面仅限于公司内部时，我们应当听从老板，顺服上级。但当失控列车的危机，已经从运输公司，扩展到数个乡镇人民的生命财产，影响到社会安全等更大层面时，我们也应当效法弗兰克、威尔、康妮等人，敢于走出“小圈子”，持守商业道德和良心，尊重生命。

总而言之，尽职的人明白次序，他们尊重并听从老板，也清楚所有的顺从都必出于真理。

尽职：顺从老板，看重次序。

6. 为谁工作

小张刚到新单位，每个人都“使唤他”。看着自己微薄的薪水单，他每天心情都不爽，觉得为这样的公司和老板工作太不值了，总是想着换工作。

请问，今天你在公司上班，是在为谁做事？此问的答案可能不超过几种，如为老板、为公司、为工资，等等。当然，这些答案都没有错，但你有没有想过，其实你也是在为自己而工作？

阿基勃特曾是美国标准石油公司的一名小职员，他为人诚恳，工作努力，有个举止令人印象深刻。每次出差住旅店，阿基勃特总是在自己签名的下方，认真地写上“标准石油每桶4美元”的字样。在来往信函和公文上，只要是他签名，也一定会写上那句话。久而久之，人们就不再叫他阿基勃特，而是改称他为“每桶4美元”先生了。这件事有一天被传到公司上层去了，连董事长洛克菲勒也听说了“每桶4美元”的趣事，他非常惊奇地说：“本公司竟有这种职员，无时无刻不在宣传公司的产品，我一定要见见他。”于是，董事长热情邀请了阿基勃特共进晚餐。后来，董事长卸任，阿基勃特——“每桶4美元”先生，成了标准石油公司的董事长。

其实，如此签名是标准石油公司任何一名员工都能做到的，但却只有阿基勃特做了。在嘲笑他的人中，肯定也不乏有才有志的人。阿基勃特之所以能成为董事长的接班人，因为他明白，公司兴旺我荣耀。从接到应聘通知，上班的第一天开始，公司是你事业的新起点。每个人一生中总会换不同的工作，而正是这些不同的任职，勾画出你自己独有的职业生涯曲线。从这个角度来讲，你并非是在为别人打工，恰恰相反，你是在为自己的职业生涯而工作。

尽职：爱厂如家，为自己工作。

三、马虎的天敌

1. 马虎的传说

传说宋朝时在开封有个画家，此人做事不仔细，画画也不认真。有一天，他本打算画一只老虎，谁知刚画完一个虎头，家里来了一个人，请他画一匹马，于是他就在虎头下面画了个马身子。那人问："画的是马还是虎？"画家答道："管他呢，马马虎虎吧。""马虎"这个词就这么出现了。那位请他画马的人生气地说："这么凑合哪行，我不要了。"于是转身走了。

可画家却不在意，还把这张"马虎"图挂在了自家的墙上。有一天，他的大儿子问："这画的是什么？"他漫不经心地回答："是老虎。"二儿子问他："您画的是什么？"他却随口说："是马。"儿子们没见过老虎、真马，于是信以为真。有一天，大儿子到城外打猎，遇到一匹好马，却误以为是老虎，一箭就把它射死了，画家只好给马的主人赔偿损失。二儿子有次在野外碰上了老虎，却以为它是匹马，就迎过去要骑，结果被老虎咬死了。

画家痛心疾首，恨自己办事不认真，太马虎，愤愤地把那幅虎头马身的画给烧了。为了让后人吸取教训，他写诗告诫后辈："马虎图，马虎图，似马又似虎。大儿仿图射死了马，二儿仿图喂了虎。草堂焚毁马虎图，奉劝诸君莫学吾。"

这虽然是个传说，却也警示人：马虎的毛病害人也害己。想职场必胜的人，必须克服马虎。但要如何着手呢？应该从分析自己马虎的原因开始。要知道马虎仅是表象，每个人都有其深层的原因。若不分析这些原因，思考如何克服，并逐一提出解决方案，都还是治标不治本的。

2. 思考时间：造成（自己）马虎的原因有哪些？

3. 马虎的天敌

有的人，分析自己马虎的原因是心态的问题、认知的问题等。但总有人用"谁还没有马虎之时"为自己开脱，认定马虎是天性。事实上，不管马虎是否为天性，但马虎一定有"天敌"。

A. 认真的心

短片：令人惊叹的花式跳伞

链接：http://baidu.ku6.com/watch/5027791320701375152.html? page = videoMultiNeed

太多的疏忽，源于任性、懒惰、不专心等坏习惯。短片中的跳伞队，打破了世界纪录，精彩绝伦。但若有一个人跳伞不准确，任性不守次序，忽视跳前设定的位置，都无法完成任务，还会出现降落伞绞在一起的风险。因此，对技术、次序、制度等的认真，保证了跳伞的成功。

二战中，美国空军降落伞的安全性不够。在厂方的努力下，合格率已经提升到99.9%，而军方要求产品合格率必须达到100%。厂方一再强调，任何产品也不可能达到绝对100%的合格率，除非出现奇迹。相持不下之时，军方决定改变检验质量的方法，让厂方负责人以及工人们亲自从飞机上跳下以检验。实施这个方法后，奇迹出现了：不合格率立刻变成了零！

看来，认真的心，可以产生奇迹。单就产品来说，99.9%与100%，看起来差距微乎其微，但0.1%的错品率，意味着还未上战场，一千名伞兵就有一名无辜地送命。事实证明，奇迹是可以产生的，而克服坏习惯的法宝是专注于好习惯，愿你从此在工作中持守一颗认真的心。

必胜法则：认真的心，保证成功，创造奇迹。

B. 熟练的手

请问，有人把自己的名字写错吗？

《危情时速》中，弗兰克提醒威尔多挂了车厢，但威尔不以为然。弗兰克解释说从这个标志牌到那个标志牌之间，就是21节车厢，并说："不要问我为什么。"

事实证明，威尔的确多挂了车厢，而弗兰克能精确判断，靠的不是运气，而是23年日积月累的职业训练。

熟练就会少出错。事业有成的人，30%靠运气，70%是出于对工作的熟练。没有人会把自己的名字写错。半生不熟，才容易产生疏忽。熟练的手，配合观察思考，可避免工作中的危机。

必胜法则：熟练的手，判断精准，避免危机。

C. 懂得界限

影片中，为何威尔多挂了车厢？因为在打官司，又急于了解审判进展，心情不好。当弗兰克催促正打私人电话的威尔时，威尔匆忙中挂多了车厢。若今天你上班，和老板争执起来，但真实的原因是你昨晚和家人大吵一架，心情不好，请问这样做合适吗？公平吗？

职业人应当有智慧，懂界限，学习把事情和情绪分开，把私事和工作分开。在负面情绪里，人容易产生负面的想法，做出错误的判断。当然，有的人天生易紧张，除了多自我鼓励外，要知道紧张更易引发错误。真有必要的话，也可考虑转换一下工作岗位。但无论如何，我们要多认识自己，在什么情绪和情况下容易出错，留意不要把负面情绪带入到工作中，懂得界限。

必胜法则：公平处事，情绪平稳，懂得界限。

D. 愿意成长

无论从事哪种工作，当你开始时，多伴随着老板和众人的批评和矫正声。你是在这些声音中消沉下去，还是每次都找借口反驳，或是认定别人在针对自己从而愤然离去？其实，倘若你塌下心来，承认自己有疏忽，愿意在品格上成长，最终受益的会是你自己。每个人都需要成长，逃避换工作不是解决之道。任何没有学好的生命功课，进入下一家公司，一样从头学起！

心急浮躁、追求速度，必定丢三落四，匆忙间也难免出错，但这些都是可以成长的。例如，放慢速度，多观察，向有经验的人学习；通过认识自己，避免连锁反应；有人工作虽很认真，但观察力、反思力不强，这些也可以成长……重点是要对自己有耐心，给自己成长的空间。

无论如何，不能总是找借口："没办法啦，我这个人就是这样大大咧咧，是个性问题。"所有个性的问题，多是成长的问题，只要愿意改变，都能将马虎赶出你的工作。

必胜法则：没有借口，不要逃避，愿意成长。

4. 行动时间

解决方案与成长清单： 请根据你的（马虎）原因，逐一对照马虎的天敌，找出相应的解决方案，并据此列出你的成长清单：

____

____

四、有责任心

1. 责任胜于能力

有些年轻人自以为有能力，是做大事儿的人，看不上小事情，不屑于做好简单的事。已故台湾前首富王永庆先生，生前常切切叮嘱子女，要做好小事情。他说小事情处理好了，事情自然就妥当了。还有人说，小事情里藏着魔鬼，你不留意它，它会“找”上你。为何那些有建树的人，都切切叮嘱后辈，要处理好看似简单的小事情呢？因为，责任胜于能力。

影片中，威尔第一天上岗，弗兰克就告诫他，尽量把事情做好。影片最后，按照常理，面对飞驰的失控列车，脚已严重受伤的威尔，是根本无法跳上的。但巨大的责任感成为他的动力，威尔一跃而上，成功停下了列车。看来，责任感所激发的动力，可弥补人的“无能”。

曾任中国外交学院副院长的任小萍说，在她的职业生涯中，在每一个岗位上，她都选择把事情做到最好。大学毕业，她被分配到英国大使馆做接线员。在很多人眼里，接线员是没有出息的一个岗位，然而她尽职尽责。她把使馆所有人的名字、电话、工作范围甚至他们的家属都背得滚瓜烂熟。当有人打进来，不知找哪个部门或谁时，她就多问，尽量准确找到要找的人。慢慢地，使馆官员都不找自己的翻译，而是找她留话。不久，很多公事也好，私事也好都委托她，她成了全面负责的联络站，连大使都跑来表扬她。后来她因工作出色破格调去英国某大报做翻译，再后来，又破例被调到美国驻华联络处，她也同样干得出色，曾获得外交部的嘉奖。

看来，起点并没有我们想的那么重要，任小萍就是从接线员做起的，许多大亨也并没有什么高学历。看似“没出息”的岗位，只要人愿意付出代价，不限于把事情做完，还力求把事情做到最好，成为一个令众人信任的人，这样的人，机会之门自然会为其开启。

尽责：事情做完做好，不分大小。

2. 责任心是强项

安安是个“让人不省心”的秘书，她不是忘了这个，就是忘了那个，还总以“天生爱忘事”为借口。每次老板说她后，她就到处和同事说，又被老板“骂”了。而安安被“骂”后，也很沮丧，觉得自己无逻辑，头脑不会思考，没有强项，实在没能力胜任工作。看完电影《危情时速》后，安安突然意识到自己对老板所造成的困扰，每次都要被老板提醒，难怪老板总问：“到底谁是秘书?!”成长后的安安，后来还做了行政总监，她说“责任心”是自己唯一的强项。

有时候，我们需要换位思考一下，不要总觉得老板对我们凶，也要想想自己的态度和疏忽，对老板是否公平？安安的确天生缺乏行政能力，但她调整心态，愿意成长，转而成为老板/公司离不开的人。看来只要具备“责任心”这一个强项就足以在职场必胜了，你愿具此强项吗？

请参考安安关于“不忘事”的经验总结：

√ 关键是承认自己会忘事，并愿意成长；

√ 手勤记下来；

√ 重要的事，给自己打电话留言，提醒自己；

√ 忘事被提醒后虚心接受，不狡辩，立即改正；

√ 主动找人提醒自己（请他人帮助约束自己）；

√ 给自己设立忘事后的“惩罚”制度，并严格执行；

√ 及时回复/汇报（这样随时可以发现疏漏）。

尽责：所处理的工作，让人放心。

3. 不要推卸责任

责任好像一副担子，有些人愿意挑，也有人不愿挑。的确，出了问题，就会有一个不好的结果等在那里。有时团队一起工作，责任很难切分得完全清楚，所以很多公司开部门会议，大家都要争个面红耳赤，无非是想证明，问题都是别人造成的。

影片中当威尔发现自己真的多挂了车厢后，就怪弗兰克惹自己不高兴，好像自己犯的错，都是别人造成的。他一开始也不愿意去帮助777号列车。的确，自己的事还一团糟，无法见儿子，妻子不理自己，谁还管得了更多呢？但是弗兰克的话打动了他，“想想你的妻子会怎样看？”当他勇敢担起责任，停下失控列车后，妻儿都回到了他的身边。

有的人在工作中擅打“太极拳”。他们被自私搞得团团转，生怕责任“害”了自己。威尔的成长启示我们，推卸责任，无法赢得同事；相反，人都喜欢与有责任感的人在一起工作。那些勇于认错，敢于担责的人，会赢得真实的尊敬，威尔也因此挽回了家人的心。

尽责：做有担当之人，敢于认错。

4. 彻底执行命令

777号失控列车最后被成功停下来，绝非一个人的功劳。威尔和弗兰克从彼此对立到精诚团结，弗兰克的经验智慧，威尔的勇敢付出等方面都是重要的环节；同时，康妮等在调度室的智慧配合也是不可少的；另外，还有个关键因素，就是焊工内德坚持不懈地追赶列车。

请问，当你接到老板康妮的命令去追赶列车，可是中途你打电话给老板汇报，老板却没理你，还挂了电话，你还会继续追赶列车吗？内德不仅没有放弃，而且还克服困难，调动警车开路。正是因为他及时赶到，使绝望化成了希望！只要老板康妮没有发出停止的指令，只要列车还没被停下来，内德就一直坚持着。这个就是尽责，可以克服困难，开动脑筋，能够在没有掌声的情况下，把交代给自己的任务贯彻执行。当然，内德最终赢得了公众的掌声和赞许。

尽责：能做完一件事，坚持不懈。

5. 责任的误区

A　管好自己的事

很多人以为尽责就只是把工作做好，其他的方面就不管不顾了。其实不然，把自己的事管好与做好本职工作是相辅相成的。例如：

√　首先，保持情绪平稳，把情绪和工作分开；

√　其次，每个人都有义务维护环境的整洁，如个人卫生、办公区域、所住宿舍等；

√　还有，私下时间打理好私人事务。

B 做个得体的人

有些人，只专注老板交代的工作，不晓得工作中的尽责是全方位的。换句话说，若真的想全面地尽职尽责，除了面对老板，也要学会认识所在的公司，处理好团队互动等。例如：

√ 了解公司文化、愿景、章程，熟悉必要的规章制度，例如请假制度、考核制度等；

√ 学习与人打交道，向其他部门承诺的事，都要尽力办到；

√ 若你估计无法正常交工，需要提前知会老板及所有相关的部门；

√ 及时回复邮件，学会用书面/邮件来确认事情。

C 均衡多重角色

责任，是一种与生俱来的使命。每个人都同时扮演着不同的角色，而每一种角色又承担着不同的责任。健康的生命状态应该是一种均衡的责任感，不一定要刻意寻求平衡，重点是对于每种角色，都尽心竭力，包括善待自己，爱护家人等。有调查表明，很多人在生命的最后岁月，常常萦绕于脑海的，不再是金钱和权力，而多是对家人的亏欠。也有的人，在公司很得体，但私下里在网络上匿名发布不负责任的评论，甚至谩骂发泄，散播谣言。因此，避免责任的误区，也指多重角色都能处理得好，包括家庭责任、工作责任、社会责任等等。

D 分清责任界限

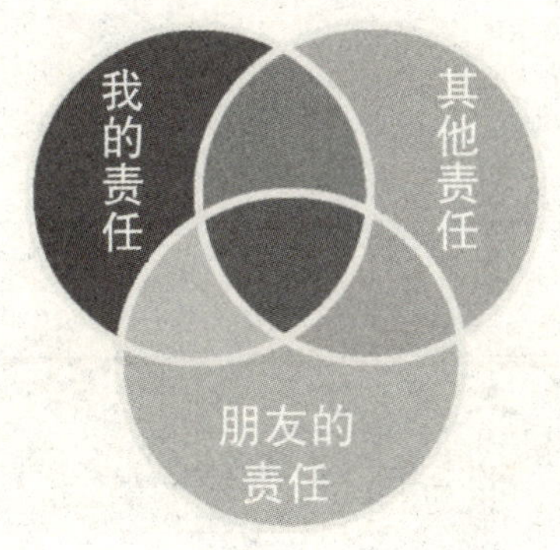

小马天生不喜欢拒绝人，上班后又想有个“好人缘”，因此，别人丢给他的工作都来者不拒。但是日积月累，他案头堆的文件越来越多，不光身体吃不消，也影响到工作进度。

勇于担责与没有界限是有本质区别的，不会拒绝别人的人，必须成长，特别在沟通方面。例如，你的工作上级有大老板和小老板，但他们给你的工作指令是不相同的（意味着你要做两份），甚至是彼此矛盾的（意味着你如何努力也会得罪一方），这时，你要敢于表达，告诉他们你的苦衷，请他们之间先协调好。当然，在表达中，态度必须谦和，要有智慧。

小张自从爸爸因工负伤，其老板拒绝赔付后，对自己的工作也消极怠工，每天没精打采。

我们可以理解小张的心情，但是面对父亲的工伤，他显然没有把握好界限。另一个责任的误区，就是要留意：不要背负不属于自己的担子，要分清哪些是我的责任。

E 在真理中尽责

《危情时速》中，副总裁高尔文提出了诸多减少公司损失的提议，若从公司的角度讲，他是尽责的。但领导者也要明白，企业也有社会责任。当影响面进一步扩大时，也应对社会负责。请问，若是老板让女助理下班陪睡，在网络上造谣攻击竞争对手，你是否要顺从呢？请记得，所有的尽责，都要在法律和真理的框架内。面对不合理的要求和命令，我们有权利说“No”。

五、情景时间

1. 糊涂秘书

下午两点要开部门会议，老板交代秘书去办几件事。两点钟，部门会议准时开始……

1.1　本以为会加薪的秘书，有完成老板交代的任务吗？

1.2　请对照老板的工作清单，逐一陈述秘书是否做到。

______________________________　______________________________

______________________________　______________________________

1.3　如果你是老板，事后你要怎样“处理”这位秘书？请选择，并解释理由：

A　把她大骂一顿，不愿意理她（　　）

B　训斥完再指出她做错的地方，并扣她工资（　）

C　不和她生气，心平气和地把她立刻解雇（　）

D　使用怒气管理1－2－3，待自己情绪平稳后，耐心地和她讲解（　）

2　太极四式

请对照太极四式图进行反思：我有没有这样的问题（如推卸责任、不可靠等）？

◇　唯我独尊式：没人可以叫得动我；

◇　这是你的式：请大家把事情做好；

◇　不干我的式：错误是别人造成的；

◇　反正没我式：我不需负任何责任。

____

____

3. 请对比左右两图，试着找出二者的差别，并圈出来。共有________项。

4. 是非题

请在你认为是负责任的叙述后画“√”，是责任误区的画“×”，并说明为什么。

A　当初父母离婚，都是我的错，就是因为我，他们才离的。(　)

B　全办公室的人都在忙，唯独刚来实习的小姚在做自己的私事，还上网浏览购物。(　)

C　把事情尽快做完就行了，不用管质量，做完就是尽责。(　)

D　我的朋友失恋了，她很伤心，我也不想吃饭了。(　)

E　看重小事情，爱公司如家，随时做力所能及的事。例如，关灯、注意门窗等。(　)

F　宋朝某皇帝，每天不理朝政，只爱书法绘画，他是个很负责的人。(　)

G　我的老板喜欢变来变去，我的经验是每次他交代任务，我就听个大概。(　)

H　我的同事加好友小马被老板训斥，决定辞职，我打算和他一起离开。(　)

I　小唐认定顺服就是蒙福，他总是机械地完全执行老板的意思，不动脑筋。(　)

J　我的工作很轻松，反正闲着也是闲着，上班时不如顺便下载个电影看看。(　)

K　小芳在单位年年是销售冠军，丈夫也夸她把家照顾得井井有条，女儿也很爱她。(　)

5. 听力测试

请看下图，根据课程教导，指出三名女员工在听完老板讲话之后，各自需要成长的部分。

员工A：________________

员工B：________________

员工C：________________

六、本章小结

尽职尽责是职场必胜的首要法则，在这个大法则下面，又有无数的从业小法则。其核心是塑造人成为一个具有“责任心”的人，能克服马虎、仔细认真、在工作上让人放心。亚伯拉罕·哈伯德有句名言：所有成功者的标志，都在于对自己所说的和所做的一切全部负责。因此有人说，职业人若不在尽职尽责上成长，一定无法胜任职场，有关梦想、成功等等统统将成为空谈。

马虎的人，不注重细节，缺乏工作态度，无法胜任工作。而一个不负责任的人只能把自己的问题带给亲人、带给同事、带给公司，甚至带入社会。刚入职场时，人总是在困惑中成长，例如，“我是很想把本职工作做好的，但为何总出状况?”其实这是正常的，尽职尽责是最基本的职业技能，它一定可以通过不断摸索、经历失败、反复调整，而成为你的“强项”。

本章的五个要点：

√ 细节决定成败，看重细节、听清命令、避免马虎是完成任务的关键；

√ 仔细认真、精通业务、顺从老板、爱公司如家的人，能够做好本职工作；

√ 马虎是可以克服的，只要你有认真的心、熟练的手、懂得界限，并愿意成长；

√ 尽职尽责的人，能坚持、有担当，努力把事情做到最好，凡交代的工作，都让人放心；

√ 留意责任的误区，要全方位、多角度尽责，不背错误担子，有智慧拒绝不合理的要求。

七、行动时间

–我的笔记与心得–

请从尽职、尽责的定义或各个必胜小法则中，选出两个，作为你下一阶段的成长目标：

真实鼓励不抱怨

一、影片欣赏

《在天堂遇见的五个人》，主人公名叫安迪。年轻时的安迪能干有理想，梦想成为一名工程师。为了报效祖国，他毅然上了战场，但不幸在战火中腿部中枪，生命的动力从此戛然而止，在茹比（Ruby）码头的游乐园作为一个维修工而终老。安迪一生都在为自己没见过世面，碌碌无为而感到羞愧。值得庆幸的是，他曾遇到过生命的挚爱——他的妻子。当他的人生走向尽头，一个个亲人也都相继离开，在83岁生日这天，他为了救一个小女孩而失去了生命。原本以为一切在此刻就此结束，谁知反而开始了一个新的旅程。他来到天堂，遇见了在他生前曾出现过的五个人物，这五个人分别教导他一些生命的功课，解开了他一生的种种疑惑……

1. 影片讨论

1.1　安迪遇到的五个人，每个人都教导他一些功课，你记得几个？请写下来。

1.2　安迪生前，对自己的评价和看法有哪些？

1.3　安迪的一生都无法原谅爸爸，他最后为什么选择饶恕爸爸？

1.4. 安迪见过五个人后，对自己的一生有哪些新的认识？

1.5　安迪是一个尽职尽责的人吗？他活得快乐吗？你从他的一生学到什么？

2. 观后感言

一位影迷的感言：原来，每一个人都是重要的，每个人的生命都会以不同的方式与另外的生命相遇，其所有付出的爱与温暖，都不会白费……我们来到人间，是为了与别人相遇！极力推荐这部影片，一起共勉！

请写出你的观后感：

____

____

____

二、抓住真实

1. “眼见”未必“为实”

《在天堂遇见的五个人》，讲述安迪为救小女孩死后来到天堂，遇到了五位生前与他息息相关的人。当他分别与这五个人各自交谈后，大为惊讶，原来他发现生前对自我、亲人、朋友、事件的认知，与背后的真相差得太远了，那些本以为的“事实”，几乎背后都有隐情。

例如，安迪虽对工作尽职尽责，但他认为在做“无聊的工作”“一生都没出息”，但真实的情况却是：他始终都没能从腿伤中“走”出来。因此，上尉教导他要明白何谓“牺牲”，“伤了腿，却救了你的命”，“失去（腿）是荣耀，你却当成了羞辱”。另外，安迪和父亲生前时有冲突，当父亲逼他找工作时，他却“以腿为借口”，躲在家里不愿见人。再比如，安迪对于生日有种特殊情结，小时候生日那天不想去蓝皮人的葬礼而挨父亲的打，家人在生日那天来医院看望受伤的他，83 岁为救小女孩死于生日那天……对父亲有诸多不满的他，在天堂遇到蓝皮人后才发现：当年正是因为自己追球，蓝皮人为躲避不伤到自己才出车祸撞死的，可自己却闹着不去葬礼。本以为是别人所造成的诸多“不愉快”，其实多半是出于自己的“杰作”。

看完影片，佩佩眼泪汪汪，原来她也有“生日情结”。小时候，她是家里的宝贝，最看重自己的生日，每次都闹着要热闹庆祝。十五岁那年，小叔骑摩托车赶来为她庆生，但不幸遇车祸死亡。一时间，全家人都怨她，“要不是因为你闹着过生日”“不懂事”。伤心的佩佩决定从此再也不过生日了，因为“是自己害死了小叔”。影片讨论时，大家都鼓励她，叔叔生前都这么爱你，死后更要在天堂祝福你！佩佩听后，开始在心里默默祝福小叔，并逐渐快乐起来。

大海本来在一家公司上班，但因不认真好学，领导并不赏识他。后来他辞了工作，连换五家公司都无法胜任。这时母亲又生病住院，他索性辞职照顾母亲。母亲病好后，他又继续看顾新出生的儿子。一晃五年过去了，每次家人催促他找工作，他都以照顾家人为名拒绝。看完影片，他觉得自己和安迪有些像。原来大海也一直认为，自己没出息，都是被家人拖累的。

看了这些案例，我们需要问问自己的心：

我所以为的，我所看见的，都是真实的吗？

我所困惑的这些事，其背后的真相到底是什么呢？

两个天使到一个富翁家借宿。富翁拒绝提供舒适的客房，让他们待在冰冷的地下室。铺床时，老天使发现墙上有个洞，就顺手把它补好了。第二晚，两人到了一个农家借宿。夫妇俩非常热情，用仅有的一点食物款待他们，还让出自己的床铺。可第二天一早，农夫和妻子却在哭泣，原来唯一的生活来源——一头奶牛死了。小天使非常愤怒。“有些事并不像它看上去那样”，老天使答道，“当我们在地下室过夜时，我从墙洞看到里面堆满了金块。为防范主人被贪欲所迷惑，所以我把墙洞补上了。昨天晚上，死亡来召唤农夫的妻子，我让奶牛代替了她。”

看来“眼见”未必“为实”，安迪的一生对人应该有所教育和启发，很多事情并不像我们以为的那样。安迪虽尽职尽责，对工作一丝不苟，检查每个螺丝钉，甚至最后死在岗位上，但他生前并不能分辨出事情背后的真相。片中最经典的一句话是，“所有的结束都是开始”，All endings are also beginnings，死后的安迪开始了新的认知。但正像安迪的父亲已无法听见他的道歉一样，诸事已无法挽回。今天，你愿意从此刻就思考，抓住真实，活在真实当中吗？

真实：事情背后的真相。

2. 工资风波

小梅与红红同天入职，红红在外事部门，小梅在采购办，两人很快成为要好的朋友。可是有一天，小梅无意中看到红红的工资单，为什么比我高200元？从那一刻起，小梅的心开始不平衡了，她渐渐不愿意理红红，觉得老板偏心，对单位也越来越不满意。两个月后，小梅因“待遇不公”递了辞呈。人事主管向她解释道：

√ 每个岗位的薪水，主要由工作经验、相关的学历和所学课程决定（与职位无关的只做参考）；

√ 岗位相同，职等也有不同，例如行政助理常分成三级，初级、中级、高级助理；

√ 岗位、职等相同，入职所在的职级也有不同，因此同样的考核成绩，加薪额也有差异；

√ 许多单位，会根据岗位的特殊性和急需性，增加特殊岗位津贴。

原来真相是：红红是外语专业，单位规定外事为急需人才，设有特殊岗位津贴200元。

猜疑与负面常引发人的不满与消极。小梅本来快乐得像个小鸟，但这两个月来，她睡不好，吃不下，还几次下错订单，主因都是自己乱猜疑，而事实根本不是那么一回事！

工资待遇是入职员工最在意的，与其胡猜疑、乱打听，不如听听小梅学到的：

√ 首先，要对职称、工资结构有基本的认识，并非同时入职，薪水就会一样；

√ 其次，每个单位采用的人事体系会有所不同，签约之前，要了解清楚；

√ 再者，人事采用保密制度，不要私下比较，或认为老板偏心，要豁达理性对待；

√ 最后，若实在有疑惑，应找自己的上级或人事，以一种柔和的态度，当面咨询。

真实：提升认知，拒绝猜忌，懂得求证，询问核实。

3. 为什么不选我

阿玲绝对是“干将”，她尽心尽责，常常加班加点，部门的业绩总是很好。可是，每逢有什么升迁机会，都轮不到她。这次有一个经理的空缺，但已决定委派另一个人上任了。阿玲很不服气：“公司交代的任务，我尽力完成，我的能力也不比别人差，为什么不选择我？”回到家，她暗自流泪，甚至想起私下风传的一些升迁“潜规则”。第二天，她鼓足勇气来询问总经理。看到她态度诚恳，总经理说：“平日开会很少听到你发言，你总是一个人埋头苦干，如果升你当经理，你懂得和下属沟通，鼓舞他们的士气吗？你若代表部门与其他单位协调时，能完成任务吗？我没有看到你有沟通与表达能力，所以很抱歉，这次我不能提你当经理。”阿玲回家后很是难过，但她也领悟到了，职场必胜需要沟通能力。成长后的阿玲升任该跨国公司的分部总经理。

阿玲以一种诚恳的态度，当面询问老板，明白事情的真相，这是值得肯定的。不仅如此，当老板讲出实情后，她听后虽很难过，但勇于面对真相，接受下来，是一个真实愿意成长的人。这样的人，不自怨自怜，经过努力，一定会职场必胜的。

当人对待遇、升迁感到“不如意”时，要提醒自己，真相是什么？不要轻下断言。还有，去询问老板，你的老板敢于和你说真话吗？你能够怀着谦和忍耐的心，承认自己有不足之处，并愿意改变成长吗？

真实：接受真相，走出自怜，承认不足，愿意成长。

4. 不要乱贴“标签”

一个人如果活在“自怨自怜”里，就无法立足于职场。安东尼·罗宾（Anthony Robbins）著有《激发无限的潜力》《唤起心中的巨人》等书，曾被译成数十种语言，激励帮助了无数的人。罗宾的经典教导是：“不要给自己贴‘标签’”，他认为：

需要当心自己是如何给自己贴上各种各样的标签的。例如，我们会说，“我是一个容易恐惧的人”或“我很脆弱”或“我内心不够强大”等等。通常，这些标签仅仅是来自于过去或现在的某些表现，但一旦标签内化为我们的一部分，它们就开始接管和操控我们。因此，我们必须拒绝这种标签。

《在天堂遇见的五个人》中，主人公安迪对自己就有很多标签：例如，“I am waste of my life”，译为“我虚度此生”“我这辈子都白活了”。事实呢？他有爱他的家人和妻子，死后有无数的人纪念他……下面的这些对比，充分表明了错误标签与真实情况的差异：

安迪自己的看法	**事情的真相**
感觉孤独，不愿与人来往	每个人都是重要的，彼此相关的，生命在持续
我在做无聊透顶的工作	每周坐一遍过山车，认真检查每个螺丝，确保安全
我的腿瘸了，不想跳舞，一生都完了	伤了腿，却因此救了你的命
小时候爸爸打我，打不动我，就不跟我说话	爸爸一生正直爱家人，死前呼喊安迪的名字
我想当工程师，但当不成	自认为失去腿，便失去了一切（自我放弃）
我没出息，没见过世面	上过战场，经历生死，顺利逃离俘虏营，得过勋章
我很爱我的太太，可是她很早就去世了	只要有记忆，就可以一直爱下去
我没有对不起谁	蓝皮人等因自己（安迪）死亡
我的工作环境枯燥无味	很多孩子来到游乐园，快乐极了

正是这些错误的标签，使尽职尽责的安迪活得郁郁寡欢。也有人称标签为错误的思想，或思想中的“谎言”。谎言具有欺骗性，使人下沉无力，容易自怨自怜，因而不能激发自己的潜能。因此，若想职场必胜，除了尽职尽责外，还必须找出并拒绝思想中的这些谎言，做真实的人。

除了不给自己贴标签外，我们也不应该随便给别人、给公司贴标签：“这个公司没前途”“我的朋友很差劲”“我被公司骗了”，等等。小梅若是早去求证，就不会有两个月的时间都活在猜疑和不满中，影响了工作，损失了友谊，也自然会影响到自己的健康。而阿玲在谦和中询问老板，敢于接受真相，并且愿意成长，就开始了新的职业发展，并且越发展越好。即便公司真的待你不公，环境使你无法施展抱负，我们也要活出品格，思考如何做好工作，而非怨天尤人，或自怨自怜。工作用的是手脑，收获的是金钱，但历练的却是人心。

对于茹比（Ruby）游乐园，安迪认为无聊没意思，一辈子都困在这里，但此处却是茹比夫人的最爱，蓝皮人的天堂，孩子们的乐园。看来，同样的境况，有的人抱怨与无奈，但有的人却活得精彩与快乐！影片的最后，安迪又来到茹比游乐园，而此时的他，看到的是所爱的人，听到的是欢声笑语，就像该片所带给人的启示，天堂不在想象中，也不必等死后才能找到，若你懂得拒绝谎言，抓住真实，就可以活在爱与快乐之中。因为，天堂其实就在你的身边！

真实：找出谎言，撕掉标签，认出天堂，活出精彩。

三、抱怨的损失

1. 拿破仑的醒悟

拿破仑的父亲虽出身贵族却家道中落，但仍多方筹钱，把他送到柏林的一所贵族学校去求学。但破衣烂衫的拿破仑，经常被其他贵族子弟欺负和嘲笑。拿破仑无法忍受，常常抱怨，还写信给父亲希望离开："我的同学太妄自尊大了，因为穷，我受尽了嘲弄、调侃。其实论思想、论素养，他们远不及我。我怎么能继续低声下气呢？"父亲的回信只有短短的两句话："我们是穷，但你非在那里继续读下去不可。等你成功了，一切都将改变。"就这样，他开始了长达5年的求学之路，他决心用最后的胜利回击那些嘲笑过自己的人。

当然，要达到这个目标并非易事，父亲去世时，他只是一名少尉，薪水仅能勉强维持母子二人的生活。由于体格衰弱、家境贫困，拿破仑在队伍中也处处受人轻视，上司不愿提拔他，同事也瞧不起他。而此时的他，已经学会了用苦干代替抱怨。

当别人休闲娱乐时，他则把全部精力都放在书本上。一间又闷热又狭小的陋室就成了他的"书房"，在那里，单单从各种书籍中摘录下来的文摘就可印成一本四千多页的长篇巨著了。此外，他还时常把自己想象成正在前线指挥作战的总司令，科西嘉就是双方血战的必争之地，并亲手画了一张当地最详细的地图，精确地计算各处的距离远近，标明某地该怎样防守，某地该怎样进攻。这种潜移默化的练习，使他的军事技能得到了大幅提升，终于被上级赏识，升任为军事教官。此后，他便逐渐走上了成功之路。

拿破仑的故事再次证明：起点没有我们想的那么重要，天道酬勤。一个人起点不高，甚至条件不如别人好，但只要停止抱怨和自怜，抓住真实，持续苦干，机会之门自然会向他开启。

必胜要诀：别人抱怨，我苦干！

2. 思考讨论

短片：抱怨是没有用的

链接：http：//www. tudou. com/programs/view/ny_ 05bezZko/

崔万志，蝶恋服饰、雀之恋旗袍CEO。2011年被评为安徽十大新闻人物，2012年被评为阿里巴巴全球十大网商。2015年一年进账5000万元，2016年他的"旗袍+"项目在《创业英雄汇》获得了3900万元意向融资。崔万志于2016年1月获得中国旗袍"十大领军人物"荣誉。

崔万志一路走来，认为抱怨是没有用的，你是怎么认为的呢？请思考抱怨会带来哪些损失？

哪些人、事、物容易成为人的抱怨对象？请填写你的"抱怨清单"：

对上级（老板、老师、领导人）______

对亲友（父母、长辈、朋友等）______

对环境（社会、公司、学校等）______

对其他______

3. 抱怨的损失

A. 失去快乐

无可否认，安迪是一个尽职尽责的人，他忠于职守，确保设施安全，甚至愿意为工作牺牲。但你觉得他活得快乐吗？安迪每天都郁郁寡欢，因为他的心里有着各种抱怨，包括对自己的，所以他认为自己没用，觉得白活了。他虽然没有说出全部的抱怨，但在他的心里，对爸爸、对伤腿、对命运也都充满了“抱怨”。正是这些谎言和错误的“标签”，让他生前怀有诸多的不解和怨恨，使一个原本志在四方的年轻人，变成了一个自认是碌碌无为的人。

黄乃毓教授说刚开始工作那几年，她很不快乐，觉得每个同事都有问题。但有天晚上，她想起小时候帮妈妈挑蛤蜊的事。她的方法是拿一个蛤蜊敲打另外一个，声音空旷的就是坏的，每次她都能完成任务，家里总可以吃上美味的蛤蜊。有一次，她敲每一个都是坏的，跑去问妈妈后才发现，原来她手里作参照物的那只是坏的。想到这里，她不禁自问：“是否问题出在我这里？”经过这样的思考，她得以成长，同事关系逐渐融洽起来，工作也因此充满了欢乐。

抱怨的人是不会快乐的，和抱怨的人生活、工作在一起，也很痛苦。其实抱怨不如责己，因为抱怨只能带来停顿。而像黄教授那样开始自省，抓出谎言，就会使人成长、快乐起来。

必胜要诀：别人抱怨，我自省。

B. 失去升迁

巴顿将军在他的战争回忆录《我所知道的战争》中，提到他是怎样提拔人的：

我要提拔人时，常把所有的候选人聚到一起，提一个我想要他们解决的问题。例如我会说，“伙计们，我要在仓库后面挖一条战壕，8 英尺长，3 英尺宽，6 英寸深。”我就告诉他们这么多，然后我就进入仓库，从玻璃后面观察他们。他们往往拿到工具后，就开始讨论，有人说，为什么挖这么浅的战壕？有的说6 英寸怎能当火炮掩体？其他人则争论这样的战壕太冷或太热。如果是军官，则会抱怨不该让他们干挖战壕这么普通的体力劳动。最后，中间总会有一个人对别人下命令：“不用管那个老家伙想干什么，咱们把战壕挖好后离开这儿吧！”

请猜一猜，谁会获得升迁？一定是这位不抱怨，愿意服从，并付诸行动的人。太多的故事版本都是员工在抱怨老板。但事实是，鲜有老板愿意提升那些喜欢抱怨的人，公司需要的是积极上进，遇到困难能克服，有命令就执行的员工。

必胜要诀：别人抱怨，我顺从。

C. 失去机会

1904 年，飞行员亚伯特向好友、法国珠宝商路易斯·卡地亚抱怨说，在驾驶飞机时，从怀中掏出怀表看时间非常不方便。卡地亚随后想出了将怀表绑在手上的方法。至此，手表诞生了。

历史上，很多发明其实是“抱怨”来的。著名富商马云说，别人抱怨我思考。困难可以是危机，但也可以是转机，不思考就会失去机会。若想职场必胜，职业人需要具备一个本领，借着思考，把危机化成转机。

必胜要诀：别人抱怨，我思考。

D. 失去友谊

大家都不喜欢小乔。每次他工作出了错，同事都选择私下和他说，不在会上讲。部门内部工作若出了状况，大家开会前跟他也解释清楚了。可是一到会议上，他就忍不住大放厥词，把所有的错误都推到别人身上。有大领导在的时候，他抱怨起同事来，也绝不留情面。渐渐地，他在单位成了“孤家寡人”。

一个团队中，若是有小乔这样的人存在，同事间的相处不会融洽，团队作战力因而也会大打折扣。职业人需明白团队的合一很重要，不仅有助于业绩的提升，也有助于营造喜乐的工作氛围，使大家工作起来虽有压力，但仍有乐趣。不要像原本关系甚好的红红和小梅，因为工资而关系破裂了。其实有时关系是比钱和面子更重要的。因此，若想职场必胜，就要停止抱怨、珍惜同事、看重和睦。

必胜要诀：别人抱怨，我珍惜。

E. 失去工作

马丽在一家软件公司上班。有一天，公司决定停掉她所在课题组的软件设计工作，外包给另一家公司，同时请该课题组进入新的领域——云计算。一时间，大家抱怨连连，公司的气氛一下子就变了。马丽觉得自己50岁了，还有机会学新东西，真是太好了，不过课题组的其他“老人”却不这么认为。脑筋极好的软件工程师们，突然对公司的决定和计划提出了无数个“为什么?”，每天议论纷纷。马丽觉得他们太负面了，就换到了新的课题组。三年后，公司宣布裁员5000人。裁员名单公布后，马丽发现，她原来课题组那些没有行动的人，全部被裁掉。她很庆幸自己愿意调整和改变，适应了公司的新发展。

有的人就是习惯于抱怨，他们在对别人的羡慕中，抱怨着自己的工作和一切。马丽没有参与抱怨，也没浪费时间揣测、批评公司的决策，她很愿意学习新东西。

常说抱怨话的人不仅把不愉快转给别人，还同时传递出放弃和疲累。抱怨产生的消极，容易导致人做出错误的结论，早晚会失去工作。与其抱怨，不如积极改变自己，适应公司或行业的发展需要。

必胜要诀：别人抱怨，我改变。

4. 抱怨应对之方

看来，抱怨只能带来损失，并且失去的太多了。其实人抱怨，多是觉得不满意或是对真实情况不了解，但在现实生活中，天色不会常蓝的，而且有些事情可以核实，有些事情到死都可能无法明白真相。因此，人不能总是寄希望于“坏事”不要发生，更不能把精力放在“抱怨”上。因为，在这个世界上，总会有不公平的事发生，难免遇到令人措手不及的突发状况。

那该如何应对呢？遇到不明之事，能求证的则求证，不能的也不必猜测或抱怨，专注于成长和改变，保持喜乐的心是更重要的，有些事情恐怕真得到了天堂才会明白。事情发生时，人的反应若是思考、改变、苦干的，就能化解危机、痛苦和矛盾。真正成功的人，都没把时间浪费在怨天尤人上。无论面对“好事”还是“坏事”，他们都能令其助力于职业发展和个人成长。

四、鼓励的力量

安迪遇到的五个人，每个人都从不同的角度提醒、鼓励他。蓝皮人帮助他发现生命的意义，上尉提醒他从失败和羞耻中走出来，茹比夫人说服他饶恕父亲，妻子鼓励他继续活在爱中，而小女孩（战争中）则安慰安迪虽然自己被烧死了，但他却救活了另一个小女孩（游乐园）。这些鼓励的话使安迪获得了“新生”，在电影的最后，他回到茹比游乐园，在快乐中感受着一切。看来，鼓励能够战胜抱怨，使人的心重新有力量。除了真实，鼓励是战胜抱怨的另一利器。

1. 爱的回旋曲

链接：http：//v. qq. com/x/page/j0145ava5o7. html？ptag = so_ iqiyi_ com

黄国伦先生的演讲震撼人心，当年他没有抱怨和计较别人撞了他的奔驰，还退钱并写卡片，鼓励那位落魄被人追债的出租车司机。数年后，当他自己陷入人生低谷时，上天却使用这位出租车司机传过来的话，安慰鼓励他，使他重新对生活充满了希望，真是奇妙！我们都应该记住黄国伦先生的话：“给他一个机会！”“有给人的，就有给他的”。

抱怨失去机会和祝福，鼓励却带来希望和力量。若是你可以学会用鼓励代替抱怨，一定能经历意想不到的祝福，并在生活和职场中必胜无疑。因为，鼓励可以奏响爱的回旋曲。

鼓励：用话语、卡片、物质等带给人安慰和希望。

2. 小王获升职

小王就职于一家上市的互联网金融公司。头两年公司生意兴隆，但今年突然股价大跌，宣布要解聘12%的员工。一时间，大家人心惶惶。小王的部门主任，听说公司要裁员，立刻辞职走人，公司宣布新主任即将到岗。大家原本对老主任就很有意见，背后说她不懂瞎指挥，但对刚上任的新主任，似乎也不“感冒”，不是抱怨公司的境况，就是传新主任的小道消息。小王也很担心被解聘，并不了解这位新主任，可当大家都回避新主任时，她却决定要善良以待。当与新主任相遇时，她报以微笑；当同事们聚在一起大谈传闻时，她不参与；当新主任布置工作，其他同事颇有质疑时，她支持鼓励新主任。有一天，当她正打算出外应聘时，新主任找到她，问她为何想换工作？她如实说自己的薪资和岗位比照其他公司相对较低时，新主任极力挽留，并在整个公司进行解聘的大环境下，在高层会议为她力争，破例为她升职加薪。

小王的座右铭是善良和勇敢，因此，不论别人怎样，她都心存善良；当新主任询问辞职原因时，她也勇敢地说出了自己的需要。其实，新同事和新老板刚到一个地方，特别需要鼓励，若看到新同事来了，多一个微笑，多一份关怀，一定可以舒缓他们的紧张，建立起友善的关系。总之，小王是“别人抱怨我鼓励”，活出了善良与勇敢，也赢得了老板的信任和支持。

鼓励：对新面孔用微笑、支持的话语，友善以待。

3. 先付出后得到

小薇大学毕业后参加工作，一开始她只想把工作做好，但她慢慢发现，自己的薪水是全单位最低的，可完成的任务量却很大。有一次为了工作她和人争执起来，一气之下，索性向主任辞职，而且她振振有词：“第一，一年半了，我尽职尽责，可是薪水最低；第二，某某根本不配做领导，因为他我也不想干了；第三，为什么别的部门员工都偷懒，还把工作丢给我？”主任看她平时认真负责，心里很喜欢，就决定与她好好谈谈。

主任也说了三点：“首先，起点不重要，薪水低是可以调整的。年轻人，应该把学习机会看得重些，更侧重于所在的单位使自己有成长；第二，对于领导，你可以不同意他的做法，但仍要尊敬他，不能轻看他，因为人都是在成长的；第三，多做有什么不好吗？别人偷懒，我们可以选择活出好品格。你刚毕业，没有‘叫板’的资格，要学会先付出，后得到。”

小薇听了，开始从不同的角度思考。主任还鼓励她：“你有一颗负责的心，若留意学好如何与同事和领导相处，会进步得更快。不要频繁更换工作，职业生涯应该是一个上升的台阶状，在一个地方要扎根几年，公司都不喜欢雇佣常换工作的人。”小薇听进去主任的话，开始学习与人相处，之后连续四年被评为优秀。单位规定优秀员工每年工资调两级，她已经成为该单位工资升得最快的人，还被任命为部门的副主任，主任也因此得到了一位得力助手。

很多人进入职场，总是在衡量自己的得失，生怕被公司占了便宜。主任鼓励小薇的话，正是刚入职场的年轻人需要听到的。其实小薇很单纯，开始对单位也没多少不满。但她的一些老同学总在“添油加醋”，说她是同学中挣得最少的，若换了工作，工资肯定翻倍等等，久而久之，小薇的心里就觉得自己不值了。职场成功的模式有很多，如个人努力、天赐良机、专业时髦等，但无论哪种模式，都少不了得到人助。小薇有一位鼓励她的老板，使她明白职业发展是自己做主，否则，她只能人云亦云，使人生轨迹杂乱无章。

鼓励：爱心提醒，助人成长。

4. 话语的力量

鼓励是正面的话语，具有“起死回生”的功效。若是负面贬损、取笑羞辱的话语，就像刀子一样，能扎透人的心。

短片：一句玩笑话，带来的血案。

链接：http：//v. youku. com/v_ show/id_ XMTM0NTQzNDU2. html？from = s1. 8 – 1 – 1. 2

因为一句玩笑，张峰军两刀就要了老乡的命。刚才还在酒桌上称兄道弟的老乡，酒过三巡，顷刻间就挥刀相向，一个命丧黄泉，一个深陷牢狱。狱中的张峰军真是“悔断肠”了。

这些都应验了那句古话，生死在舌头的权下。一句话可以让人生，一句话也可以叫人死，同样，一句话也可以改变人的一生。看来，话语绝对是带着能力的。一个人若想职场必胜，必须学习鼓励，掌握话语的影响力，并且多与能鼓励的人相处，用鼓励代替抱怨，活出真实。

鼓励：使人心里有力量。

5. 小提醒：抱怨与倾诉、建议的区别

抱怨与建议有什么区别？首先“对象”不同。建议是直接和决策者或当事人讲的，而与不相关之人所讲的，可能是在散布负面，有抱怨之嫌。另外，建议多讲名词，抱怨多是形容词。

抱怨绝不是一两次的行为，而是已经形成在个人思想和反应中，一种长期、持续的模式。其表现都是负面消极、责怪人的，后果是使人放弃、下沉和疲累。这些与倾诉（坦诚说出心里的感受）、发泄（一时表达不满）是不一样的。从它们的后果（果子）就应该可分辨出来。同时，健康的情绪必须要倾诉与发泄，但秘诀是找到能正面支持你的人。例如小薇，当她诉说内心的不满时，老同学的回应使她更加烦躁，而主任的话，反而使她安静下来，进行思考。

五、情景时间

1. 帮帮三胖

三胖和大明是同事。大明对三胖很好，每次三胖有什么不懂的，大明都愿意教他。还有，大明也很讲义气，如果主任批评三胖，大明都会极力为他辩解和开脱，甚至有时还替他承担责任。

三胖心里很感谢大明。

可是，大明有时爱开玩笑，常喊他“胖子”，取笑他说话的方式。每次三胖听了心里都不舒服，可是又怕失去友谊。若是下次车间再有问题，大明不帮他可怎么办？所以，虽然心里不舒服，但三胖都忍着不说。

1.1 你觉得他们的友谊牢固吗？

1.2 三胖该把心中的不满说出来吗？请选择，并逐一解释理由。

A 不能说，说出来是抱怨，人不应该总是抱怨，要感恩大明（ ）

B 反正早晚会忍不住，干脆说出来，警告大明再这样自己会不客气（ ）

C 本来就很胖，应该去减肥，而不是去说大明（ ）

D 友谊在乎坦诚，要真实地说出心里的感受，否则反而会失去友谊（ ）

1.3 如果要说的话，你建议三胖怎样表达？

2. 撕掉错误“标签”

错误的“标签”，就是我们脑袋里那些错误的想法，限制潜力的发挥，使人负面、懈怠、不快乐，下面是小潘的一些想法，请帮助她来重新认识自己（即怎样使她换个角度想想）。

A 我的声音太难听，不会唱歌；

B 我不会说话，交际差，处理不好“朋友圈”；

C 我没有恒心，一件事无法坚持很久；

D 我的负能量太多，总处于痛苦中却“陶醉享受”，会莫名地突然忧伤起来；

E 我的字迹太难看；

F 我肥胖还是个近视眼（高度）；

G 我害怕生孩子，害怕婚姻；

H 我身体不好，总是感冒，容易被人传染疾病。

帮助完小潘，请你自省，是否也有一些错误的想法（抱怨或标签），请列出并改正。

____

____

____

3. 饶恕权柄

小梅、阿玲和小薇，对领导都有着这样或那样的抱怨。除了本章案例所叙述的原因外，事情的真相是什么呢？

小梅：家中排行老二，有一个姐姐和一个弟弟。大姐各方面都优秀，小梅总觉得父母更喜欢姐姐；弟弟是老小，也被全家宠着。因此，她心中从小一直都有一种父母偏心的想法。而这种想法，不自然地就会“应用”到职场关系当中。

阿玲：来自于重男轻女的家庭，每次她受到父亲重视，不是因为那学期成绩考好了，就是她得奖了，为此，她拼命苦干，希望得到父亲的重视。但是，常常事与愿违。进入职场，她保持了刻苦精神，但是无形中，总有一种“不受重视”的思想在影响着她。

小薇：父亲是军人出身，相信“棍棒之下出良才”，从小就被严格要求。因此，小薇到单位后，常与男性领导发生争执，不懂得变通。

心理学研究表明，父母是权柄的代表，当我们没有处理好跟父母的关系时，就会把各种错误的反应模式，带入工作中，影响我们和领导的关系。其实，扪心自问，那些对领导的抱怨、所有的不满，或多或少，我们都可以从自己的长辈身上找到一些“影子”。

若想胜任职场，活出真实的自己，不被错误反应“俘虏”，我们需要现在立刻原谅父母。不要学安迪的样子，他后来饶恕父亲，但父亲已经听不见，无法反应了。

3.1　你和父母的关系如何？（请注意，是分别与父亲和母亲两个人的关系）

3.2　有哪些伤心的记忆？有和相关家人核实过吗？真相是你所认为的吗？

3.3　你愿意饶恕父/母亲吗？

我愿意饶恕__________（谁）对我______________________________（所说的话/做的事）。

4. 小练习：更换“抱怨清单”

什么样的抱怨，都可以用鼓励来取代，你愿意试试吗？（根据你的“抱怨清单”）

5. 问题思考

请根据第四部分（鼓励的力量）的案例，阐述鼓励是如何奏响“爱的回旋曲”的。

六、本章小结

真实和鼓励是职业人在工作和生活中必须遵循的法则，也是胜过抱怨的两大法宝。职业人不仅要尽职尽责，还要会使用真实和鼓励这两个工具，做到真实鼓励不抱怨。这条法则，把人的生活和工作带入正面有力之中。掌握好此法则，使人能更实际地把握现实状况，并有能力将其往积极的方面推动。

抱怨的人，失去喜乐和健康，也会失去很多原本属于他的祝福。更重要的是，抱怨是没有用的，它不解决任何问题，反而只会把乌烟瘴气留给自己，也带给他人，是团队工作中典型的负面催化剂。一个人若想职场必胜，必须能够认清真相，脱离抱怨，并用鼓励代替抱怨。

无论进入职场有多久了，你若是还没有体会到鼓励的力量，那你真的需要多多鼓励自己、鼓励同事和老板。奉劝读者撕掉那些错误的标签，让自己做一个真实的人：说真实的话，看自己恰如其分，也能真实地面对批评。这样的人，一定能真实地活出自己的价值，做到职场必胜。

本章的五个要点：

√ 真实的人，能够认清自己的状况，也懂得何时查证事情背后的真相；

√ 真实的人，不猜疑、不自怜，不给自己、他人、公司等乱贴标签；

√ 别人抱怨，我可以做的是苦干、自省、顺从、思考、珍惜、改变和鼓励；

√ 人的话语有能力，生死在舌头的权下，鼓励使人的心有力量；

√ 鼓励是职场的正能量，人际关系的润滑剂，是职业人必备的话语技能。

七、行动时间

–我的笔记与心得–

____

____

____

____

____

____

____

请从真实、鼓励的定义或各个必胜小法则中，选出两个，作为你下一阶段的成长目标：

____

____

自信进取不自卑

一、影片欣赏

影片《叫我第一名》，*Front of the Class*，根据真人真事改编。主人公布拉德·科恩，一个乐观向上但天生患有妥瑞氏症的人，会经常性地、无法控制地发出怪声和脖子抽动。为此他上小学时经常被老师批评和处罚，被同学嘲笑和欺负，也不被父亲理解，这使他非常苦恼。一位校长巧妙地在一个公共场合，让大家了解到为什么布拉德·科恩会发出奇怪的声音和不时的抽动，是因为妥瑞氏症使他无法控制自己的行为。校长简单几句话的教导，赢得了师生的鼓掌和理解，也为布拉德打开了通往全新世界的一扇门。从那时起，布拉德渴望成为像校长那样爱孩子的老师。为此他不懈地努力，虽遭遇了无数的失败和冷嘲热讽，但最终实现了自己的梦想，同时也收获了属于自己的爱情。

1. 背景介绍

妥瑞氏症，也称吐雷氏症、吐雷氏综合征，由法国妥瑞（Jean－Nartub Charcot，Gillies de la Tourette）医生于1885年，在其包含八个病例的报告中提出。患者会有不自主的动作，包括抽搐、眨眼睛、噘嘴巴、装鬼脸、脸部扭曲、耸肩膀、摇头晃脑及不自主出声，包括清喉咙、大叫或发怪声。

2. 影片讨论

2.1 影片中布拉德的母亲把他带到妥瑞氏症的支持小组，为何要中途离开并向他道歉？布拉德是否常抱怨那些处罚他的老师和嘲笑他的同学？

2.2 如果你在看电影，你的旁边坐着一个摇头晃脑，不时发出犬吠声音的人，你会如何做？你如何看待他？

2.3 布拉德为何要当老师，并将此作为自己的职业梦想？

2.4 在找工作的过程中，布拉德被拒绝了多少次？每次被拒绝后，他是怎样做的？

2.5 影片中布拉德为什么称妥瑞氏症是他这一生最好的老师？

二、自信的魅力

1. 自信之人有魅力

《叫我第一名》中布拉德的母亲曾带他参加妥瑞氏症的支持小组，却不得不中途退出，并向他道歉，因为小组中的妥瑞氏症患者似乎都在抱怨，甚至退缩，哪里有什么支持！布拉德绝对不是一个爱抱怨的人，无论老师、同学怎样对待他，他都很少抱怨，面对那些把他从电影院、球场赶出来的人，他依然面带微笑，依然热爱生活。他也从没想过要掩饰自己有妥瑞氏症，总是真实自然地生活。除此之外，你还会发现，布拉德也是一个尽职尽责的人。当他受聘为老师后，立刻认真布置课堂，制作有趣的玩具，仅从他上课所戴帽子的种类和样式，就知道他对上课有多么用心。他看重每个学生，不让任何一个掉队，鼓励他们，努力尽到做老师的责任。

看完电影，我们不禁为布拉德这个人物着迷。细细想来，除了尽职尽责、真实鼓励、没有抱怨外，他的身上还散发着一种魅力。这种魅力，不仅盖过了他先天的缺陷——妥瑞氏症，而且还助他在工作中出类拔萃，成为年度最佳教师。

这种魅力，源于他的自信。一个在成长过程中备受嘲笑和批评的人，本应唯唯诺诺，活得自卑退缩，但他却幽默、自信、平易近人，不仅找到心仪的工作，还证明了自己的胜任。布拉德的秘诀是保持自信，但愿每位职场人士都能掌握这个秘诀，因为自信之人有魅力。

自信：盖过天然缺陷，展现迷人魅力。

2. 抬起头来

小田大学毕业后，拿到国外研究生院的录取通知书，但在领事馆签证时却两次被拒。她很伤心，躲在宿舍里哭。一个同学告诉她，有人曾被拒签过三次，但经过半个月的培训后，很顺利就通过了。小田动心了，找到一家名为“信心”的咨询公司。老板看了她的签证材料后说，你的材料没问题。当小田描述两次被拒的经过时，老板打断她，并告诉她：“你的毛病就在这里。”原来她眼睛低垂，头也不抬，不敢与老板对视，着实给人一种没自信的感觉。老板笃定地说：你就训练三项内容——抬起头来、眼睛平视、大声说话。第三次签证，小田抬头挺胸，应对如流，从容不迫。签证官狐疑地看着之前拒签的记录，“不自信，吞吞吐吐，不敢抬头”，好像完全对不上号。他微微一笑：“×国欢迎你。”整个过程只有5分钟。

无论你实际上有多么优秀，能力上有多么胜任，如果没有展现出足够的自信，面试官是不会给你通过的。小田和布拉德面试时，抬头平视、面带微笑、从容对答，展现出一种“我很胜任”的姿态。这样的表现，易于打动面试官，使人有机会顺利过关。每一个进入职场的人都要过面试这关，请开始训练自己吧！常见面试技巧如下：

√ 事先复习准备，表达出诚意，诚实作答；
√ 仪容仪表整洁，需提前到场，礼貌问候；
√ 声音清晰洪亮，微笑且平视，抬起头来；
√ 预备个人故事，与岗位相关，展现潜力；
√ 不急于问薪资，被问时反问，问出范围；
√ 出现临时状况，不慌动脑筋，尽力就好。

自信：“胜任”的姿态，我要微笑抬头。

3. 信心成就一切

自信，就是相信自己，是对自我成功和幸福人生的一种态度，并用表情、话语和行动等表达出来。它并非盲目乐观，也不是骄傲自满，它是一种带着盼望的健康生活态度。

外部的精神面貌，其实正是反映出内心真实的状态。借着后天的训练，我们可以获得一些技巧，提升自信表现。但若想获得真实的自信，还需解决内心的问题。

许多人在探索成功的秘诀时，找到了机遇、人脉、苦干、条件等成功因素，但其实有信心是成功最大的保障。一个人若对未来充满了希望，就愿意做新的尝试，也能够面对挑战和困难。自信的人总觉得事情没有那么难，少了很多的瞻前顾后和畏缩不前。就像布拉德一样，很多人对他莫名的乐观不解，按理说他应该觉得拿到教师这个岗位，对于他这个不时发出怪声音的人会有多么地难！但世上无难事，只怕自信人。

布拉德曾说过一句话："不要让任何事情成为你达成梦想的障碍。"当有家长因担心他的怪声音会影响孩子的注意力而申请转班时，他没有失去信心，反而更加努力，下决心要证明他有能力做好。这正应验了一句名言，"未经我的同意，没有任何人能使我自卑"。看来，无论外面的障碍有多大，人都还可以克服，但最难的是要过了自己这一关。你若不相信自己，谁还能相信你呢？人，唯一不可失去的，就是信心。

自信：内心相信自己，事情没有很难。

4. 我能赢得幸福

片中布拉德有句话发人深思，"即便与众不同，也没什么大不了的"，It is OK to be different。他认为妥瑞氏症患者与正常人一样，也有追求和享受生活的权利，不管是求学、工作还是爱情方面。除了正常上课，上进的他利用课余时间完成了硕士学业，在感情方面，他也从来不会刻意掩饰自己的疾病，反倒是女孩子总能对他的开朗和自信，留下深刻的印象。

朋友总是问梁伟，你为什么不笑？其实他有难言之隐，他的牙床上多长了一颗小牙。他觉得自己的牙齿和别人的不同，怕露出来被人笑话，所以他不爱说话，更别说微笑了。老师帮他咨询了医生，鼓励他去看牙医，他说没钱，不愿意去。看完《叫我第一名》后，小梁开始思考，"It is OK to be different"，他想起别人说过他的笑容"帅气又感染人"。他开始笑，并到球场和大家打球。有一次打篮球时，他的嘴被对手撞了一下，三天后，嘻嘻，那颗小牙掉了。

自信的人能坦然接纳自己，不仅接纳优点，也接纳特点与不足。布拉德深信自己配拥有幸福，最后，他如愿以偿，与女友幸福地走上了红毯，在2010年有了第一个小孩。看来，人若认定自己的尊贵，就知道即便有些特征与众不同，也不能拦阻自己赢得幸福。

自信的人，完全接纳自己，包括：

√ 自己的长相（五官、脸型、牙齿等）

√ 身材与外形（高矮胖瘦、皮肤黑白等）

√ 先天性缺陷（妥瑞氏、多动症、视障、残疾等）

√ 智力与学历（成绩好坏，文凭高低等）

√ 家庭的背景（父母、家庭经济、出生地区等）

√ 身体的伤病（车祸、烧伤、各类疾病等）

√ 各样的缺乏（缺钱、不会交际、没人脉等）

√ 曾经的失误或各样的与众不同（声音等）

自信：完全接纳自己，我配拥有幸福。

三、自卑的克星

1. 百岁老人谈幸福

2016年7月1日，刚过完100岁生日的奥利维娅·德哈维兰（曾参演《乱世佳人》《女继承人》等影片，拿过两座奥斯卡小金人）说出她幸福的三个秘密。

第一个秘密：我的美，自己定义。

《乱世佳人》（又名《飘》）被公认是经典之作，在所有人都想要成为女主角的时候，德哈维兰并没有参加郝思嘉的试镜，而是选择了梅兰尼这个不太起眼的配角，并且一举成名。德哈维兰说，每个人都有自己独特的美。无论长相是否完美或平凡，都要有勇气面对，并自己定义。

第二个秘密：认定自己，愿意改变。

有段时间，德哈维兰虽多次获奥斯卡提名，但她一成不变的角色类型，都使她与奖杯失之交臂。她希望出演一些更有深度的角色，但没想到却因此被公司从此雪藏起来，华纳公司还要求她赔偿公司的损失。在没有演员与电影公司打官司能赢的历史背景下，她选择上诉，坦然面对外界对她的质疑，并最终打赢了官司。这个著名的"德哈维兰案"对美国好莱坞的影响深远，电影公司的权利被削弱，演员的权利大大增加，她给影坛带来巨大的变化。德哈维兰说，只有当人忠于自己内心的时候，才能获得真正的自由。

第三个秘密：保持生命活力——有爱，多笑，学习。

当被问及她百岁保持活力的秘密时，她回答就是3个L："Love，Laughter，and Learning"。爱(Love)，是一切幸福的源泉，当我们学会爱、付出爱的时候，也是收获爱、得到爱的时候；笑容(Laughter)，即便外界环境纷乱，我们仍然微笑面对困境，要学会用灿烂的笑容妆点自己；学习(Learning)，在任何情况下通过学习来丰富自己、完善自己。

百岁老人德哈维兰，是一个自信不自卑的人。她欣赏自己的美，晓得自己的尊贵；也有对抗不公平的勇气，愿意成长，勇于改变；难能可贵的是，她终生都保持着旺盛的学习力；而这一切的源头，是因为她奉行爱的原则，内心强大。由此可以看出，自卑真的是人生幸福的最大"绊脚石"，而一个敢于认定自己，又愿意学习和改变的人，无论做哪个行业，都能职场必胜，又能拥有幸福感。因此，我们也要找出自卑的原因，学会与自己和平相处，找回自信。

2. 自我检测

对照自己，有类似情况的，请画"√"，并思考造成你自卑的因素有哪些？

（ ）我高考没发挥好，平常比我差的同学都上了大学，我却上个大专。同学聚会就不去了。

（ ）大家说我的反应慢，同事（学）也不太和我讲话，我觉得自己很笨。

（ ）我的皮肤比较黑，家人叫我"小黑"，同学也笑我，我觉得自己很丑。

（ ）我普通话说得不标准，每次开会一发言大家就笑，渐渐地，我开会就不说话了。

（ ）每年文艺晚会，我都被分配在后台做指挥，我一定是没才艺，要不然他们会选我演出。

（ ）我在大城市上班，每月工资不高，没什么零花钱。每次同事约我出游，我都拒绝。

（ ）我的朋友都用苹果，而我的手机是二手的，电话响了，不好意思当别人的面接，怕丢人。

（ ）我的姐姐眼睛比我大，比我漂亮，虽然大家总夸我长得好看，可我觉得他们纯属奉承。

（ ）妈妈每次来公司（学校）找我，我都怕别的同事（学）看见，她总穿着乡下买的衣服。

3. 自卑的克星

维基百科对自卑的定义是：一种具有因为不如他人，而生出的较他人为劣的感觉。说到感觉，自卑的人不可避免地会伴有相应的情绪体现，诸如害羞、不安、内疚、失望、焦虑等。感觉也自然会带出相应的行为反应，就像德国哲学家黑格尔说的那样："自卑往往伴随着懈怠。"无论你自卑的原因是哪一类，诸如形象不好、物质缺乏、身体残疾，还是其他什么，我们都要意识到自卑除了消磨人的意志，使人自暴自弃、懒散倦怠之外，恐怕没什么好作用。因此，我们必须直面自己，胜过自卑，活出幸福。其中的秘诀就是找到自卑的原因，反其道而行之。

A　勇敢的心

视频：害怕照镜子的靳魏坤

链接：http：//v. youku. com/v_ show/id_ XMTcwMzk2ODYyNA = =. html? beta&from = s1. 8 - 1 - 1. 2&spm = 0. 0. 0. 0. paV1gm

历经 10 次 17 项整容手术的靳魏坤，诉说着她从一项错误的整形决定开始，数年来所走过的心路历程。为了甩掉被人指点的大胸，她无法工作，不敢见人，在痛苦和煎熬中完成一次次的手术。在演讲的最后，她挑战每一个想整容的人，"你准备好了吗？"她的话使人感叹：既然能鼓起勇气，在风险书上签字，经受各种手术痛苦，忍受心理煎熬，为何没有勇气接受自己那张健康而天然的脸呢？

靳魏坤总结的经验教训是：天然的最好。你也是这样认为的吗？你能接受自己那张脸吗？能接受自己的身材吗？家庭背景呢？你对自己满意吗？

接纳自己，就是喜欢自己的一种表现。而勇敢，其实是有信心的一种表现。整容改变了面庞和身材，却没能提升靳魏坤的自信，反而增加了她更多的心理负担，她甚至还差点儿自杀。能够完全接纳自己，实在需要勇气。人应当有勇气走出那些互相比较和错误标签，奉行一种原则：接纳必须接纳的，改变那可改变的。认定自己，是指接纳生命所带来的尊贵价值（良善、有天分等），但也要坦然接受自己还有这样或那样的不足，并致力于学习和改变。我们应该说："我虽然还在抽烟，还在发脾气，还在……但是，我是尊贵的，正在成长。"这是一条职业人增加自身价值的必经之路。每时每刻，人都应该长存勇敢的心，快乐做自己。

必胜法则：长存勇敢的心，快乐做自己。

B　信心行动

接纳自己，除了使人在勇敢中活出快乐外，也是在表达一种决心，相信自己有价值、有能力、有前途。当校长邀请布拉德来音乐排练厅时，他的心无疑是犹豫的。他不知道这次是否会再被嘲笑和羞辱。但他还是来了，并勇敢地走上讲台，并最终赢得了大家的鼓掌和认同。看来有了决心，还要经过考验，要有相应的行动。

奥巴马总统是个混血儿，小时候因为肤色问题，他结巴又拘谨。老师告诉他母亲，这个孩子连自己都不相信，将来不会有什么出息了。但奥巴马的妈妈却不这么认为，她"买通"了邻居，鼓励他挨家挨户订报纸。结果，小奥巴马勇敢地敲开邻居的门，试着说服他们订报纸，竟然出乎意料地顺利。有了这样的经历，他渐渐不结巴了，他第一次享受到了成功的喜悦。

既然自信的重点是内心，那么让心里有些成功的感受也是必要的。众所周知，奥巴马成长为一位出色的演说家，处处显得自信有魅力。看来，信心加行动能克服自卑。

必胜法则：下定决心之后，还要有行动。

C　有“方向感”

尼克·胡哲曾说，人最可怕的不是没手没脚，而是没有梦想和方向。你的自卑感或许是源于你的茫然无方向。百岁老人认为，人要忠于自己的内心。看来，内心一直在和你说话，只是你没有留意它。布拉德认定自己能成为一个好老师，他坚持方向，不懈努力，他做到了。曾任央行货币政策委员会委员的清华大学教授李稻葵，也讲过一个有关方向的个人经历：

1992 年，我哈佛大学博士毕业了，需要找工作。第一个去面试纽约大学，系主任当时决定要给我工作。一星期以后，密歇根大学经济系也打来电话，说要请我去他们的经济系上班。于是我就碰到了一个需要选择的问题，纽约大学金融系，金融研究水平非常高，工资整整是密歇根大学的两倍。怎么办？我反复思考，当年选择经济学，想的正是中国的事情。如果我去了纽约大学，只让我研究金融的问题，跟中国不直接搭界，我的未来会如何？我会高兴吗？想到这儿，我就义无反顾地去了密歇根大学经济系。

看来，“钱多”并不是做职业选择的唯一指标，遵循内心才会有智慧。在面对选择时，李教授“问”了自己的内心，因而清楚了方向。如同在大海中航行的船只，总是在寻找灯塔一样，职业生涯的发展，也需要不时地定向，才走得下去。有方向感的人，容易找得到路。

请问，你知道自己想要什么吗？你的发展方向是什么？方向和目标会带领人，不再注视自己的不足，而是定睛在目标之上。因此，人若想有自信，应当开始设立目标，至少有个大方向。当然这个过程也不是一蹴而就的，需要一个思考和探索的过程，但你总是可以从一两个短期的小目标开始，并逐渐放大，直到清楚前进的方向。方向感带人走出自卑感。

必胜法则：从小目标启动，找到“方向感”。

D　学有专长

每个人一出生，就承载着一种使命（purpose），或者说，人天生就有使命价值，具有生命潜力。看来，价值是在人的里面，而非去外部找，岂不知你自己就是一只“潜力股”吗？借着后天学习，完成职业培训，在增加价值的同时，挖掘出本身具有的潜力，就是在完成你的使命。

白岩松说，他从一个北方小城考进北京一所大学。上课的第一天，一位女同学第一句话就问他：“你从哪里来？”而这个问题正是他最忌讳的，因为在他的逻辑里，出生于小城，就意味着小家子气，肯定被那些来自大城市的同学瞧不起。也就是因为这句话，他一个学期都不敢和同班的女同学说话，每次班级合影，他都戴上一个大墨镜，他说这样好掩饰内心。

如今的白岩松，是中央电视台知名记者和主持人，全国政协委员。他主持的节目，作风朴实、视角独特、自信流畅，深受广大观众的喜爱。你看他的节目，丝毫没有自卑的倾向，反而结合了他成长背景所带给他的朴实，以及专业训练所带给他的锐利视角。他曾荣获 2000 年“中国十大杰出青年”，多次荣获“优秀播音员主持”奖，并于 2009 年荣获“华语主持群星会年度终身成就奖”，还出版了《痛并快乐着》《幸福了吗》等书籍。

看来，你的出身不能限制你，你的过去也不能定义你，你的未来才能最好地诠释你。白岩松能克服自卑，我们也可以。每个人都应该学有所长、精通专业，只要你本着一颗专注的心，愿意花时间、勤钻研、付代价，而学有所长无疑会将自卑“踢出”你的生活。

必胜法则：有专业有特长，踢出自卑感。

E　自我形象

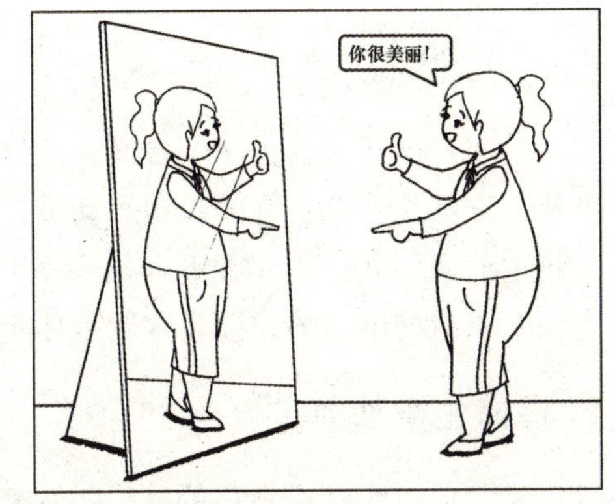

奥黛丽·赫本曾说："女人的魅力不是外表的，而是她的精神层面，她的关怀、爱心以及她的热情。"当布拉德担心女友嫌弃他时，女友却认为他的怪声音与一些妄自尊大和爱吹嘘的声音相比，简直是微不足道。

金牌主持人陶晶莹说过，上天给她最好的礼物，就是长得不够漂亮，"如果我很漂亮，我就会停止努力，停止去想有什么可以让人看见我的地方。"而这位小眼睛、塌鼻梁的小个子女人，竟夺得台湾十大美丽女性评比的冠军！想想百岁老人的话，人人都有独特的美，可见我们需要重新来定义自己的美。

小敏和东东是一对恋人，虽交往数年但总是无法谈婚论嫁。原来东东总说小敏该减肥，小敏不是大吵，就是伤心。经过婚姻辅导，东东向小敏诚心地道歉。听到东东的道歉，小敏也坦承，因为肥胖，她天生自我形象不好。上大学的时候，她不敢穿裙子，不敢上体育课，几乎大半时间都在疑心和自卑中度过，因为担心被同学笑话。而现在此话又出于东东之口，使她很没有安全感。但当辅导提醒，她的肥胖也与工作压力有关时，小敏决定改变。她开始每天对着镜子说："你很美丽""我喜欢你"。一个月过去了，小敏快乐很多，反而意识到自己虽胖，但很协调，游泳一级棒。她决定改变生活习惯，化压力为动力，恢复游泳、吃健康食物、按时作息。

人应当看重内在品格的美，像布拉德的女友那样有智慧、会分辨。审美观不一定是符合大众口味的，个人喜欢、合适自己就是最好的。对自己严苛的人，也要留意恩待别人，多说恩慈鼓励的话。更不能拿别人的外形或相貌说笑，请记得，幽默是幽自己之默。

致力于重塑自我形象的小敏，心情快乐，关系融洽，幸福指数骤然增加。其秘诀如下：

√　认定自己有尊贵价值，多方欣赏鼓励自己；

√　找出自己的强项，换个角度想想；

√　外在形象或许不佳，但人一定要健康，包括心灵的健康和身体的强健。

√　追求幸福感的人，要注意营养、休息和运动。因为，健康的，就是美的。

必胜法则：重塑自我形象，促身心健康。

F　爱与支持

在2016年里约奥运会独得三块金牌，至今累计21块金牌的菲尔普斯，曾是个被学校撵出来的多动症儿童，但妈妈帮助他在游泳中发现了热情，而奥巴马小时卖报的经历也深深浸透了母亲的爱。被爱包围的人，所有的自卑、担心、焦虑都将化解。布拉德虽不幸患有妥瑞氏症，但他的周围充满了爱他的人。妈妈的鼓励、校长的解围、弟弟的陪伴、继母的理解、爸爸在考研时的支持、老板和年级组长的呵护……这个支持小组在他的周围，编织成一个爱的保护网，使本该自卑的他，常常经历爱的滋润，而这样的爱使人心满足，完全没有空处留给自卑。

勇于爱出去的人，也会把自卑远远地甩在后面。因为是过来人，布拉德对学生的情绪和需要特别敏感，他极具包容性，对学生充满了爱，对拒绝他的人也表示理解。值得一提的是，布拉德的人物原型，就是一个积极发挥影响力回馈给社会的人。他每年举办一次妥瑞氏症生活营，邀请7～18岁的患者参加，借由听音乐或户外活动来认识朋友，帮助妥瑞氏症患者重建自信心。至今超过20年了，生活营还在持续举办当中。把爱给出去的人，不知不觉，就会走出自卑。

必胜法则：营造支持小组，勇敢爱出去。

四、进取之人

其实自卑还包含另一层含义，就是低估了自己的能力。职业生涯中，起点并非我们想的那么重要。这好比一个优秀的长跑运动员，刚起跑时，比别人慢了一些，但只要他攒足劲，照样有机会超过前面的人。其秘诀是不轻易言败，立志做一个进取的人。进取的人，有不衰竭的生命动力，有卓越的学习力，以及以勤劳朴实为代表的品格力。

1. 保持生命动力

笔者在《走适合自己的路——智慧生涯规划》一书中提到，每个人都是尊贵的，一出生就有与生俱来的价值，有自我意识、良知、选择意志及创新能力，这些宝贵的价值，使人具备生命动力，也就是说，人一生下来，就承载着一个马达，可以带动我们这个人成长、改变和提升。

虽然布拉德患有妥瑞氏症，但他的生命动力却旺盛发达，可见这种动力具有公平存在性，不会因为某些身体的缺陷和外形的特征而消失，每个人都有一个内在的马达。而每当你一相信，这个内在的马达就会启动，使人迸发出一种坚定的意志力，不达目标绝不罢休。

我们一起来看一下珠海格力电器股份有限公司董事长董明珠女士的奋斗史。

1954 年，董明珠出生在江苏南京的一个普通家庭，兄弟姊妹 7 人，她最小。靠自己的努力，从一所干部教育学院毕业后，在南京一家化工研究所做行政工作，然后结婚生子，平淡幸福。

1984 年，董明珠的丈夫突然去世。那年她 30 岁，还要拉扯一个 2 岁的孩子。在很多人眼里，董明珠这辈子不会有戏了。然而，丈夫去世 6 年后，36 岁的董明珠决定：一人南下闯荡。

1990 年，36 岁。南下珠海，进格力做最基层的业务员。

1992 年，38 岁。加入格力第 2 年，在安徽的销售额突破 1600 万元，占整个公司的 1/8。随后，被调往几乎没有一丝市场裂缝的南京，并签下了一张 200 万元的空调单子，一年内，个人销售额上蹿至 3650 万元。

1994 年，40 岁。经受住了诱惑，坚持留在格力，被全票推选为公司经营部部长。

1995 年，41 岁。升任销售经理。此后连续 11 年带领格力空调产销量、销售收入、市场占有率均居全国首位。

2003 年，49 岁。当选为第十届全国人大代表。

2005 年，51 岁。荣登美国《财富》杂志全球 50 名最具影响力的商界女强人榜。

2007 年，53 岁。出任格力电器股份有限公司总裁。

2012 年，58 岁。正式被任命为格力集团董事长。

2015 年，61 岁。带领格力打入世界 500 强，排名家用电器类全球第 1，年纳税额 150 亿元。到今天，她已为格力奋战了 26 年之久。

董明珠是完全有“资格”自卑的，单亲妈妈，年近中年……但这些显然不是她的“自我标签”，成绩是干出来的，信心是做出来的。她的起点并不高，但她凭着一颗进取心，以及对格力的热忱，已然成为中国家电的领军人物。在职业发展的路上，自信进取是必胜法则。

进取：保持生命力，持续上进发展。

2. 卓越的学习力

布拉德是一个不达目标不罢休的人，他被一所所学校拒绝，但仍继续尝试应聘教师。他的继母鼓励他："You are not normal，because you have a gift to teach"，"你与别人是不同的，但不是因为妥瑞氏症，而是因为你有教书的天赋（使命价值）"。于是布拉德重新燃起希望，他觉得自己只是还没找到那所对的学校而已，他在地图上标出每一间学校，主动把简历交给校方，锲而不舍，直至面试到第25所学校时，终于找到了肯给他机会的学校。

有的人只要曾经被老师"修理"过一次，就会"记恨"终生，而布拉德却说虽然有些老师过去并未善待他，而他如今更要因此成为一名好老师。看来我们不仅可以从好的榜样中正向学习，也能从错误的榜样中反向学习，只要做与错误榜样相反的事就好了。

百岁老人认为得到幸福的秘诀之一，是持续学习。布拉德之所以能拿到工作，就是面试失败一次，回来立刻总结，调整自己的说法和做法，不断学习，不断改进，不断完善。而他为什么称妥瑞氏症是他最好的老师呢？因为这个无法离开他的妥瑞氏症，使他学会了忍耐和尊重，承载了热忱和梦想。这也正是人应该全然接纳自己的原因，因为，无论是你的优点、缺点、特点还是盲点，都应该激发转化成学习力，鞭策人不断上进。卓越的学习力，助人进取成功。

进取：保持学习力，终生改变成长。

3. 勤劳就是财宝

你可能正在为自己缺乏天赋、没有悟性而自卑，也可能正在为自己不具备成功条件而气馁，殊不知只要勤学苦练，付出辛苦和努力就能弥补自身的各种缺陷与不足，甚至像布拉德一样，将缺陷转化成动力，将不足转化成优势，从而做到职场必胜，迈向成功。

一个富裕的农夫感觉自己快要离开人世了，他想让他的孩子们同他一样勤劳，就把三个儿子叫到身边，说："我死了以后，房子和田地你们可以平分，但还有一件事，就是我把足以让你们一辈子不愁吃穿的财宝埋在田里面……"老农夫故意打住了财宝的话题，不久后离世。儿子们照着父亲的遗言平分农地，后来又想起了父亲提到过的财宝。于是，三个人分头在自己的田地挖掘，折腾了一番。一年过去了，财宝没有找到，不过地里的收成比往年要好得多。渐渐地，他们悟出了父亲临死前暗示的道理，那就是劳动创造财富，幸福在辛勤的汗水里。

自卑带来懈怠，懒惰是许多恶习的根源。有位校长曾总结当代农村孩子的问题时，很担忧他们，并说任性、（网/烟）瘾大、懒惰，是其三大特点。这每一个特点，似乎都脱离了他们父辈的勤劳朴实。其实，若是这些年轻人愿意在品格上成长，他们会得到比自己的父辈更多的机会，例如，走进大城市。当然，要否该留在大城市，是一个见仁见智的问题，有人认为大城市资源多、文化氛围好，发展的机会大；也有的人本着"宁做鸡头不做凤尾"的理念回到家乡，也没问题，但重点是不忘本，就像农夫的故事所描述的，保持勤劳朴实，注重品格力，才是幸福的保障。

进取：保持品格力，赢得幸福人生。

职场必胜，诸力合一：

√ 生命动力，与生俱来，使人意志坚定，达成目标；

√ 生命潜力，在人的里面，带人脱离自卑，完成使命；

√ 学习力，不怕失败，不惧缺乏，鞭策人不断上进；

√ 品格力，勤奋、朴实、善良……助人赢得幸福。

五、情景时间

1. 自我鼓励

自信有很多种表现方式，如抬头挺胸、面带微笑、回答镇定、相信未来，等等，但最有力的表现方式，就是用话语宣告出所希望成就的结果。例如，布拉德一直反复告诫自己（自我鼓励），也多次告诉父亲和朋友，“我可以找到教师这个工作”。鼓励的话，说给内心，也宣告出来。

A　我喜欢我自己

思考自己的各种体征，请列出两项你喜欢的，两项你不喜欢的（长相、身材、学历等等）。然后参照下面的范例，告诉自己（对自己的心说），或是两个人一组，告诉对方。

范例：我喜欢我的眼睛，大而且美丽（或许是你本来就喜欢的）。

　　　我喜欢我的眼睛，虽小但有神（或许是你以前不喜欢的）。

B　自我鼓励

对自己的心说：“×××（你的名字），你是可以的”“你很棒”；

害怕/担心时说：“我不怕，我可以做好”“这是个小事情”；

对自己的未来说：“×××，你可以找到很好的工作，你能认真工作，会有成就的”。

C　一日之计在于晨，一早起来，对自己的心说话，做3分钟自我鼓励。

请在下面选一句，或是自己另找一句鼓励自己的话：

- 今天是个好日子，我可以平安度过；
- 我若不相信我自己，谁还能相信我？
- 我的情绪会过去，事情会好起来；
- 我喜欢我自己，我喜欢我的……；
- 我是有价值的，我配得过美好的一生；
- 我有爱，有梦想，有未来。

D　我们不仅要识别谎言，

还要做一个有力的取代！

请拿出一个本子，找到空白页。在左边写出你对自己的错误“标签”，就是那些负面，使你产生想放弃的想法；安静思考后，在右边写出一些取代的话，并且宣读出来。

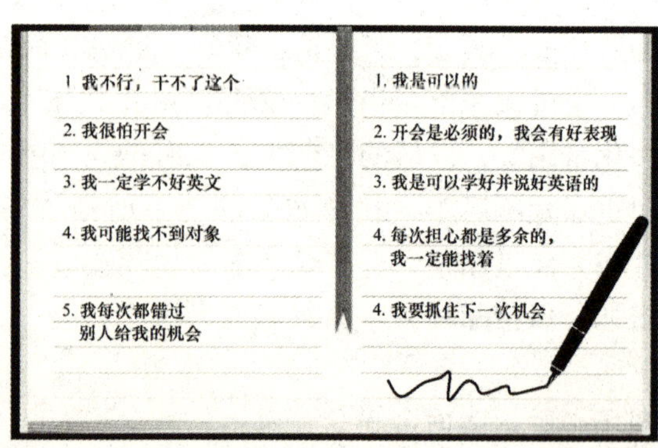

2. 模拟面试

A 请设计场景，三人一组，进行面试练习。

B 其中一人为求职者，一人为面试官，一个人为观察家。

C 面试官提问，求职者回答，观察家记录后，对二人进行评说。

D 三人角色轮换，并讨论改进，记下心得。

3. 案例分析：蓉蓉的困惑

蓉蓉决心要自信起来，听说被分配到北京实习，她着实高兴了几天，大城市有很多发展机会，可以大展宏图了。但是实习开始没多久，大城市的繁华使她兴奋之余，不免担忧自卑起来。看看人家的生活：电影、牛排加美容，看看自己，这么少的工资，挤在宿舍，什么年头能买车、买房？

小讨论：

A. 当你从农村来，遇到大城市的“冲击”时，会怎样做？

B. 你认为她实习后是否该留在大城市？

C. 请你帮助蓉蓉。她要拿出哪些信心的行动，来胜过自卑？

4. 行动时间：每周自查表 Checklist（操练勤奋）

友斌决定做一个自信进取的人，他要付诸行动。他先制定了4个小目标：成为自信的人，克服自卑；半年内提高英语水平，操练自信；健康起来，开始运动；与家人保持爱的关系。然后他又为这些目标制定了一个每周自查表，以三个月为限，监督自己。

请你也为自己寻找3~5个短期目标，找到相应的执行项目，制定具体的执行方案，每周完成周自查表（Checklist），并坚持3个月。

项　目	周一	周二	周三	周四	周五	周六	周日	备注
1. 每天背两个单词								提升英语水平
2. 每周两次大声朗诵5分钟								克服自卑
3. 每周运动三次								健康就是美
4. 每周给父母打一个问候电话								爱的支持
5. 每早自我鼓励3分钟								操练自信

项　目	周一	周二	周三	周四	周五	周六	周日	备注
1								
2								
3								
4								
5								
6								
7								
8								
9								

六、本章小结

除了尽职尽责、真实鼓励、没有抱怨外，片中主人公布拉德还是一个自信进取的人。自信进取不自卑这条法则，不仅帮助一个人能在职场必胜，也会使他的人生收获幸福。自信的人，完全接纳自己，包括与众不同的特征，是一个喜乐的人，能在职场面试、日常工作、与人互动中发挥自如。

自卑的人，看低自己，无法活出生命潜力，也自动放弃了与生俱来的生命动力。他们以为缺乏很多，技不如人，其实真正缺乏的是良好的自我形象，也因此缺乏信心，因而也做不好工作。其实自卑是有克星的，自卑的核心在于没有认识到自己的尊贵。职业人若想职场必胜，必须克服自卑。

若一个人懂得欣赏喜欢自己，又能改变突破自己，他渐渐就能找到方向，迈向成功。这中间还有一环，就是进取之心。自信进取的人，有生命力、学习力、品格力，他们总是能将一切优势和劣势，都转化为前进的动力，鞭策自己向成功迈进。自信进取不自卑是本书的第三个大法则。

本章的五个要点：

√ 自信的人有魅力，他们相信自己能赢得幸福，也有信心面对困难，成就一切；

√ 自信的人，在职场面试、日常工作各方面都易胜出，他们觉得事情没有那么难；

√ 自卑的克星有：勇敢的心、信心行动、有方向、学有所长、有爱、有支持小组等；

√ 外貌与外形是天生的，家庭与背景是注定的，但上天是公平的，借着后天的努力，人依然可以活出精彩，享受幸福，但第一步是要重塑自我形象；

√ 进取之人，能职场必胜，他们诸力合一，有学习力、品格力和生命力（动力与潜力）。

七、行动时间

–我的笔记与心得–

请从自信、进取的定义或各个必胜小法则中，选出两个，作为你下一阶段的成长目标：

受教易学不受挫

一、短片时间

1. “霸道总裁”的一天（根据情况选择放映时间，例如前20分钟）

链接：http：//www. iqiyi. com/w_ 19rssx5w79. html

2. 小讨论

2.1 采访开始，屏幕上总结了一些推销技巧，你记得几个？请记下来。

2.2 如果你的老板当众训斥了你，你会怎样反应？

二、谦卑受教

1. 不同的反应

职业生涯最常见的错误，莫过于在“被说”时所做出的错误反应。这种错误更是频繁地重复在刚入职的职场新手身上，他们听到批评，或沮丧、或发怒、或逃避，而这种错误的反应若不及时调整好，根据生命公式，价值观→思想→反应→行为→习惯→品格→生命品质，年轻人必定做出错误的判断，从而形成不好的习惯，影响职业发展，也影响其一生的幸福。

通常被老板训斥或指正后，有以下四种反应：爆发、委屈、谦和、不闻不问。正确的反应是谦和型，智慧听取意见。成长的秘诀是谦卑下来，不纠结于人的第一反应（立即和下意识的反应），而是看重第二反应（反思后的决定）。让我们彼此勉励，在这生命重要的一课上成长。

下面我们来一起分析“被说”后的不同反应形态。

A 爆发型

这是最常见的反应。面对“凶悍”的老板，我们顾不上考虑他的动机，也没时间思考他的话是否对我们有益处，就是想“反击”，或者强辩，或是爆发后一走了之。

很多人事后也承认，他们其实是面子下不来，觉得在众人面前抬不起头来，但冷静下来，心里也都明白：其实都事出有因，自己的确也有疏忽，不能全怪老板。

智慧听取意见：

√ 思考：可能不是在针对我，仅仅说出了事实；

√ 立即闭嘴，用1-2-3怒气管理法，平稳情绪；

√ 智慧：情绪发作后，绝不立刻做任何决定。

受教：温和面对批评，避免冲动。

B　委屈型

常见的第二种反应，就是伤心。觉得老板不喜欢自己。委屈型中的有些人，除了变得不快乐外，从此还害怕被说，以至于越怕越错；有的会形成“玻璃心”；有的则变相反抗，一边抹眼泪，一边漠然辞职。

中国人多数是在“训斥”和“指责”声中长大的，我们已经领教了太多来自父母和老师的责骂唠叨。因此，当被指正时，我们直接的反应就是回到当年老师和父母的场景，感受上多是对方不喜欢我或是打压我。

扪心自问，我们自己会去提醒哪些人呢？一定是那些我们认为关系好，想关心的人。我们希望他们更好，更进步，不是吗？请问，你愿意冒着得罪朋友的风险，一直提醒对方吗？看来无论对方说话的态度是否妥当，话语是否刺耳，其背后一定都包含爱的成分。

智慧听取意见：

√　重点是听别人话语的内容；

√　有能力屏蔽掉对方的语气、脸色和态度，保护好自己的心；

√　当被说时，温柔地和对方说：“我有些紧张，我愿意改的，您别激动”；

√　把话语（内容）记下来，反复思考，真实的就改，不真实的则丢掉；

√　自我鼓励：相信自己是被爱的，我可以成长。

受教：听取意见内容，智慧倾听。

C　谦和型

小芳在公司表现很优秀，每次提的方案都深得主任的赏识。渐渐地，她已习惯所提的方案都一次性被通过。可是，这次她提的方案，主任竟然在会议上驳回，还当着全体同事说，上次的方案带给团队损失，并且明确指示小芳要怎样修改方案。小芳的第一反应很是生气，觉得主任不了解情况，她很委屈，睡不着觉。经过两个晚上的辗转反侧，她终于愿意开始思考主任的建议。没想到，她突然开窍了，其实主任的方案真的很棒，不禁感叹“姜还是老的辣”呀！当然，最难的还是要当面承认。又经过三天的挣扎后，她找到主任，承认自己考虑不周全。本以为会被主任笑话或训斥，谁知，主任脸上笑开了花，从此，更加重用她了。

其实，当有人指正、训斥我们时，通常的第一反应多是排斥或委屈，但在生命成长的过程中，第一反应不重要，重点是冷静下来后的第二反应。第二反应是好品格的反应，例如道歉、再沟通，也包括以公司利益为优先，放下自己的面子等。第二反应才重要，是成长的支撑点。

因为多年的习惯已经养成，我们通常很难把控好自己的第一反应，但总是可以选择第二反应。小芳经过思想挣扎，听进去意见，反而赢得主任的重用。看来，第二反应会决定你是否能留在公司，能否做到职场必胜。

智慧听取意见：

√　不急于反驳、争辩或生气，而是先倾听；

√　放下面子，谦卑下来，公正地思考；

√　学习用第二反应来弥补，及时沟通。

受教：操练第二反应，谦卑下来。

D　冷漠型

每当领导指出大毛的问题时，他既不反抗，也不沮丧，他的反应就是不闻不问，冷漠以待。不过他的心里却在嘀咕："你算老几，管老子?!"三个月后，大毛的试用期考核，没有通过。

亨利·福特（Henry Ford）曾忘记在他第一部汽车上装倒退挡，爱迪生（Thomas Edison）曾花两百万美元研究一项发明，之后却被证明没有太大价值。因此，做错事并不丢人，伟大的人都是从挫败中学习来的。但若做错事被人指出来，还认死理，才会丢人。职场必胜的法则，是心能伏下来，与老板有互动。

受教：伏在领导手下，接受提醒。

2. 受教的心

无论是爆发型、强辩型、冷漠型、委屈型，还是它们的组合型、综合型，都听不得意见，不能被指正，究其原因，皆因内心骄傲。看来谦卑受教的心，实乃必胜秘诀。

小张总是很气老板，为何对丁丁这么好，常把多年的经验无私地分享给丁丁。他也不明白，为何同事们都比较喜欢丁丁。真相是什么？其实并非因为丁丁"人缘好"而已，而是每次和丁丁说什么，他都听得进去，而无论你和小张说什么，他都有话"顶"你。

职场中有很多的"小张"，他们的身边没人愿意告诉他们什么。但庆幸的是，也有为数不多的"丁丁"，能轻松学到别人多年的宝贵经验。请问，你的周围，有愿意和你讲真话的人吗？

有个年轻人到一家电器厂谋职，人事主管看到他衣着不洁，又瘦又小，觉得很不理想，但又不便直说，就随口说："一个月后再来看看吧。"这本是个托词，没想到一个月后这个人真的来了，人事主管又推说有事，让他过几天再来。如此反复，直到这位负责人干脆说出了真正的理由："你这样脏兮兮的是进不了我们的工厂的。"这个人回去借了些钱，买了件整齐的衣服穿上又返回来。人事主管实在没有办法，便告诉他："关于电器方面的知识你知道得太少了，我们不能要你。"两个月后，这位求职者再次回来："我已经学了不少电器方面的知识，您看我哪方面还有差距，我一项项来弥补。"这位人事主管很感慨，终于答应他进了电器厂上班。这位求职者，就是后来创办松下电器的松下幸之助。

松下幸之助的故事，使人回到一个根本问题，人为什么要听？因为你是尊贵的，是有潜力的，你是要有所成就的。可是人都有盲点，看不到全部，因此要彼此提醒，目的是帮助你达成你的使命和梦想。就像松下幸之助，不在乎对方的态度，能把别人随口的托词都听进去，一项一项地改进，这样的人，有能听的耳，一定能迈向成功。

在繁忙的职场中，若是有人愿意指出你的不足，那真的要感恩了。无论当时的感受如何，都要说："谢谢！"当然，听的时候，要过滤负面情绪，智慧思考需要改的部分，拒绝伤害，更不能因此而定罪自己。无论如何，让你的心坚强起来吧，去掉"玻璃心"！骄傲只能使你处处遇见阻挡，而谦和的人有能听的耳，他们不仅听取意见，甚至还主动地征求意见，"请问，我还有什么差距？"

受教：欢迎人说真话，有能听的耳。

三、挫折商数

1. 乔布斯的挫商

链接：http：//v. youku. com/v_show/id_XMjY3NDI5NjE2. html？beta&from = s1. 8 - 1 - 1. 2&spm = 0. 0. 0. 0. kvB7Uc

A　背景介绍

《求知若饥，虚心若愚》，是苹果创始人史蒂夫·乔布斯在斯坦福大学2005届毕业典礼上的经典演讲。乔布斯讲述了自己的三个故事，并将这句“求知若饥，虚心若愚”送给在场的毕业生，鼓励他们在对待知识上，保持饥渴的状态；在寻求智慧时，看自己如傻子一般。

挫商，即承受挫折的能力。承受能力越强，挫商也就越高。造成人有受挫感（或挫败感）的刺激物，可能来自于别人话语的指正，也可能是对自己有失误的不满，或是感到别人不接纳自己等。很多研究多侧重智商和情商，其实，挫商对成功的影响是最大的。

职场必胜的法则，就是要提高挫商，具体包括：去掉“玻璃心”，能接受批评和善意提醒，此外还要加强职业规划，并积极面对各种挫折和考验，更重要的必胜法则是，绝对不白白受苦，经过挫折，还要把挫败的经验凝练成智慧，并将所有的挫败都转化为前进路上的踏脚石。

B　短片讨论

b1　乔布斯因无法负担大学学费而决定辍学（一种受挫），但他学美术字的态度如何？

b2　你怎样理解“把你人生的一点点都串起来”这句话？

b3　被自己创办的公司赶出来的乔布斯（一种受挫），为何后来认为这是最好的事？

2. 自我检测

2.1　在有类似反应的项目前，请画“√”，若没有，请画“×”

（　）每次看到老同学开的车是宝马，我的心就往下一沉，我看这辈子也比不过他了。

（　）老板建议我去上有关时间管理的课，他一定是嫌我的时间管得不好，我很沮丧。

（　）我打了三次电话给这个客户，他总是不接，我想可能没机会向他推销产品了。

（　）我老是听不全别人的话，又常忘事，我的脑袋肯定有问题。

（　）主任在会上当着这么多人的面说我，会后也不理我，看来他们要辞退我了。

（　）我已经教我的同事3遍了，她还是搞不懂，总设计错，算了，我不教她了。

（　）办公室的几个同事一起出去吃饭，没有叫我，他们一定嫌弃我。

（　）我已经投了一百多份简历了，可没有一家公司给我面试机会，我肯定找不到工作了。

2.2　思考：在什么情况下我会有受挫感？造成受挫感的原因是什么？

3. 人为何受挫

有人认为，只要有理想、有干劲、够聪明，就一定会成功，其实未必，大量的事实证明，能挺过挫败才有可能成功。乔布斯的确是天才，但天才也可能倒下。因此，职业人若想职场必胜，必须提高挫商。下面的分析，帮助你找出原因，逐一攻破挫败感。

A 心高气傲

上过战场的士兵都知道，站起来跑固然速度快，但是身体低伏，匍匐前进，却容易躲过子弹。

挫商，是对抗受挫感的商数，并非挫伤。人为何会受伤？内心高傲是主因。在战场上，遇到阻击/攻击，要快点趴下来。你的想法和感觉都不重要，因为子弹是不长眼睛的。同样，在职场中，遇到“情况”，若不懂得“趴下”，势必造成与同事和老板的冲突。职场中，不能轻视任何人，也不需要自吹自擂，更不能明知不对，还死鸭子嘴硬。崔万志说抱怨是没有用的，同样委屈沮丧也是没有用的，放弃逃跑则更没有用。在这个公司没学好的功课，不要期待下个公司会免掉。大家都是在一边被说，一边思考中成长起来的。每当遇到被说和冲突时，我们的心会立刻想要“高起来”，或争辩或反驳，但智慧的做法是：赶快“趴”下，放低心态。

必胜法则：心态低伏，遇到“阻击”，快点“趴下”。

B 不懂方法

盲目自信，也是一种骄傲，觉得自己不含糊，什么都会，可是一做（事）就被纠正。若想职场必胜，人必须经过心被折服的阶段。就像一个新媳妇，刚进门，被婆婆说饭菜做得不好是正常的，不要觉得被拒绝。只要用心学习，假以年日，菜一定是越做越好。也就是说，刚入职场的人要明白，被说是肯定的。谦虚的人，坦承自己不熟练，还不懂方法，需要很多成长。

若你观察那些杰出人士，他们大多数在一开始时，就经历了挫折。像伟大的意大利男高音安瑞克·卡罗素（Enrico Caruso），他申请学声乐时，老师说他的声音好像风吹进窗子的呼啸声。而被称为体操王子的李宁，一开始在队伍里也不是最被看好的那一个。有哪个天才是不经过学习和挫折，就出类拔萃了呢？任何行业刚开始做的时候，你一定是不懂方法的。而伟大的人之所以伟大，就在于抱着学习的心，不懂就学，做不好就改。他们不怕挫折，勤学苦练，直到做出了成绩。这些都在应验古老的智慧：“熟能生巧”“尊荣以前必有谦卑”。

必胜法则：承认不足，勤学苦练，熟能生巧。

C 错误期盼

小安说，她有时候觉得自己很了不起，前途无量，可是一做就错。有时候，又觉得内心十分软弱，自卑得不行，好像感觉无论怎么做，也比不上别人，这辈子都无法“咸鱼翻身”了。例如，看到这么高的房价，什么时候可以买房？这种现实生活所带来的落差，使她内心深处常感到一种“绝望”。她的心忽高忽低，问题到底出在哪里？

有种受挫感，源于过高的自我期盼。小安的心态，暴露了当代大部分年轻人的问题：怎样看待自己？怎样跳出错误的比较？对自己的期望值该放在哪个位置？歌德说，人之幸福在乎心之幸福。无论贵贱，心中的感受才最重要。有的人住高楼大厦但身背巨额贷款，有的人认为有衣有食就当知足。金钱不是衡量幸福的标准，同样，做事情也不能简单地“以结果论英雄”。期望过高，常使自己“自惭形秽”，而放任自流，也没有活出该有的价值。看来摆对自己的位置实在需要智慧，既不能骄傲，也不必自卑。这些价值观或许能帮上你：我是有价值和潜力的；路是要一步一步走的，我要有耐心；别人提意见是正常的，我需要成长；凡事我都要尽力。

必胜法则：调整自我预期，寻求正确的价值观。

D　怕被拒绝

日本政府2016年发布的一份调查报告显示，该国有超过50万的“蛰居族”，他们整天不出卧室，只顾玩动漫、看电视和打游戏，拒绝融入社会。其中大部分是20多岁的年轻人。蛰居现象是心理和社会双重影响的结果，蛰居族中男性要比女性多得多。东京女学馆大学文化人类学家罗伯森（James Roberson）对《纽约时报》介绍说，在日本，“男性从初中就开始感受到压力，他们的成败往往只取决于前两三年的表现。蛰居族不肯面对这样的压力，他们当中有些人说：‘见鬼去吧。我不喜欢那样，我也做不好。’”

“蛰居族”似乎觉得，与其被社会、被老板拒绝，不如我先拒绝你们。他们的方法是把自己封闭起来。但乔布斯告诉我们，不能因为被拒绝而封闭自己。即使被自己亲手创办的公司拒绝，乔布斯也没有拒绝自己。的确，开始的几个月，他无法平复心情，但事实证明，那段时间成为他一生最美好的时光，他得以专心投入创新，重新结婚，他说他感谢有那段日子。

马云曾口吐真言，“说真话，我从来就没有很顺利过，小学念了八年，大学考了三次，曾应聘过三十几份工作，但都没有被录取。有一次25人前往肯德基应聘，除了我，其他24个人都被录取；还有一次，去面试警察，我又是唯一没被录用的那位。那时候我觉得很沮丧，但现在我觉得这些‘拒绝’都帮了我，我是一个习惯‘被拒绝’的人。”

马云认为被拒绝是正常的，并且他还受益于这些被拒绝，但是被拒绝不等于自己就放弃了。你怎么认为呢？求职与生存必须看重智慧界限，我们的确要拒绝不合理的要求，拒绝错误标签（谎言），拒绝别人的伤害，拒绝懒惰不成长等等，但是我们决不能像“蛰居族”那样封闭自己，拒绝社会，从而丧失上天所赋予人的潜能。若想职场必胜，就当效法那些敢于面对拒绝和挫败的人，做生活的强者。遇到挫折时，快一点对自己的心说，“我是可以被拒绝的”。

必胜法则：习惯“被拒绝”，但永不拒绝自己。

4. 挫商的提升

受挫感，或挫败感，常给人以“被拒绝的感受”，被这种感受抓住的人，就会负面受压，做不好工作。俗话说：“怕什么有什么”，越怕被拒绝的人，越容易形成“玻璃心”。与其这样，不如正面起来，谦卑下来，不仅在听到批评时可以谦卑受教，在面对大大小小的困难时，也开始习惯“被拒绝”，告诉自己这没什么，从而提升抗挫能力。挫商的提升，是个经年累月的过程，一定要给自己成长的空间。例如听进去一些话，为自己高兴了几天，可没几天，又与同事因意见不同而吵了起来，这时不必沮丧，时好时坏是正常的，要屡败屡战。挫商提升的要诀：

√　明白我是尊贵的，但需要成长，我有能力越挫越勇；

√　做谦和型，听进别人的建议，欢迎身边有说真话的人；

√　智慧地听，主动地问别人意见，变被动为主动；

√　习惯于“被拒绝”，告诉自己的心，“我是可以被拒绝的”“这是小事情”；

√　给自己成长的空间，受挫委屈也属正常。避免从沮丧到沮丧，而应从沮丧到成长。

四、虚心好学

没读完大学的乔布斯，谆谆告诫那些即将步入职场的年轻人，要“求知若饥，虚心若愚”。他自己也是这样做的，虽然上学不多，但是他把握每个学习的机会，例如，当苹果电脑问世时，里面最先安装了各种精美的字体，这是得益于他一次学习美术字的选修课机会。这也就是他所讲的，在某个时间点，把人生中点点滴滴的学习，都串起来。本着虚心好学的态度，乔布斯在商界做出了惊人的成就。太多类似的故事说明，遇到指正和挫折，正确的态度既不是抵抗和骄傲，也不是消沉和逃跑，而是本着虚心好学的心，吸收正面元素，多学多受益。

1. 人品是最高学位

娇娇研究生毕业后进入一家网络设计公司，她对自己信心满满。一个月后，老板找到她，要求她从这天起，每天向老板报告自己的工作事项，由老板帮她定出工作优先次序。娇娇很郁闷，她感觉老板的控制欲太强了，担心老板的“干预”会毁了她的设计。郁闷之余，她想到了自己的职业导师范姐，并打电话请教了对方。谁知，范姐竟然告诉她，范姐也是这样要求她手下的新员工的。以现任助理为例，六年了，还在被要求和老板一起定出工作计划表。范姐解释说，因为这位助理每天忙得团团转，分不出轻重缓急。范姐还鼓励娇娇，要借这个机会，多向自己的老板学习，娇娇足足“想”了三个钟头，最后决定接受职业导师的建议。

步入职场的人，都应该留意寻得一两位职业导师，就是那些有经验，有人品，愿意带年轻人的人。他们或者在同部门、同公司，或者在外地。当你在职业发展上或日常工作中有困惑时，可以去请教他们。范姐指导娇娇的，就是多向老员工学习经验，避免自视高而轻看别人，不想让别人管。娇娇听不进去老板的话，但好在有范姐帮助。这样的帮助，使娇娇在从业经验上有所提升，同时，也在提醒她如何做人，因为做事业和工作，也是个提升人品的过程。

白岩松在北大采访时，听到一个季羡林教授的真实故事。有次北大新学期开学，一个外地来的学子背着大包小包走进了校园，实在太累了，就把包放在路边。这时正好一位老人走来，年轻学子就说：“拜托您替我看一下包”，老人爽快地答应了。近一个小时后，新生办完手续归来，谢过老人，两人告别。几日后是开学典礼，这位年轻的学子惊讶地发现，主席台上就座的北大副校长季羡林正是那一天替自己看行李的老人！白岩松感叹道：人格才是最高的学位。

德高望重的老校长，没有架子，没有辩解，竟然愿听从一位刚入校的新生，其内心是多么谦卑！当别人对我们提要求时，我们有这样的儒雅吗？

新入职的娇娇，轻看自己的老板，而德高望重的老校长，却听从一名新生。看来年龄不是问题，问题出于内心。刚入职场的人，必须预备自己的心，不做爆发者和逃避者，要做职场必胜者。若是你的老板，看到你的错误常向你“叫嚣”，你能顶住压力吗？很多人纠结于自己老板的不成熟，此时不如想想患妥瑞氏症的布拉德，他既向好的校长学习，也避免重复那些曾经苛责自己老师的行为，立志做个理解学生，因材施教的老师。这也正是论语中提到的：择其善者而从之，其不善者而改之。

√ 正面学习，向好的榜样学习；

√ 反向学习，做坏榜样相反的事；

√ 能听的耳，从别人的意见和指正中学习。

易学：顶住压力，活出人品，虚心好学。

2. 孩子也是导师

链接：http：//xiyou. cctv. com/v – 78e45eff – 76f4 – 11e6 – 882d – ecf4bbe6b56c. html

赖佩霞大女儿的话，惊醒了她，把她从焦虑和不安中“救”了出来。而小女儿的大度，也教育了妈妈。其实，多数人还是很愿意向老师、老板学习的，但家人呢？爸爸的询问，妈妈的叮咛常使我们很不耐烦，更不必提家中的小辈了。但赖佩霞的讲演启发我们，身边的小辈、同辈、家人等，都可以对我们说话。

大教育家孔子勤思好学，不耻下问，也曾途中向小孩子学习，可见不懂并不那么丢人，不学不问才是问题。论语说：三人行，必有我师焉。意思是说，任何人都可以成为我的老师。这里的任何人，包括了你的领导、你的家人、你的朋友、陌生人，甚至是你的竞争对手！

虚心好学，耳朵就会“打开”。不知你有没有注意到，不仅是人的话，就连“环境”也不时地向我们“说话”。有句话说，骄傲的人易受阻挡，而谦卑人处处遇见恩惠。娇娇的老板要求她，很可能就是发现了她在规划时间和工作能力上的问题。如果她“听”不懂，生气反弹，只能使自己在公司的处境越来越被动。这正是你的环境在和你说话，你能识别这种从环境来的阻挡吗？有时，我们任着性子要去做一件事，但结果不太顺利，但仍不管不顾，硬着心往前闯，这种情况，就要观察分辨，是否“环境”在用“不顺利”和我们“说话”。孔子说，“吾十有五，而志于学。三十而立……六十而耳顺……”六十岁的孔子，成为一个“耳顺”的人，听得进意见，也“听”得明白问题的是非曲直……看来，能“听”真的是一门学问。

√ 向老师和领导学习；

√ 从同事和对手学习；

√ 从父母和家人学习；

√ 从环境和阻挡学习。

易学：任何人都可成为我的老师。

3. 阅读与外语

马云说他十几岁时，每天骑四十分钟自行车去给杭州宾馆的外国人做翻译，兼职挣外快。没想到他的思维模式因此变了，以前人云亦云的他，开始有新的思考。知名记者白岩松说他很困惑的问题，后来在阅读历史的时候，“老祖宗”都“等在”那里开启他。

这些成功人士所传授的经验是，除了从人的身上学，学好外语，大量阅读也是很宝贵的。中国的教育在高中分文理科，使得很多理科学生无法接触很多的人文历史和语言文化。而网络媒体的发展，也使人们的阅读多限于新闻趣事和提纲式领受。其实，语言是打开另一个世界的“窗户”，而历史很多时候都在重复，阅读历史和人物传记，帮助人丰富视野，也有智慧做判断。此方面怎样成长呢？阅读三部曲可助人补足这课，具体内容为：

√ 第一，每次阅读，都总结出 2 ~ 3 点心得；

√ 第二，把你的心得应用于生活（重点是找到与自己的联系）；

√ 第三，或正或反，总是可以据此设立自己需要成长的目标。

易学：立足成长，广泛阅读，掌握外语。

4. 生活是最好的大学

乔布斯无法完成大学学业，但他非常珍惜各种学习机会，而商界名人李嘉诚更是以“偷”学问而闻名于业界。他们都没有什么高学历，但他们虚心从生活的海洋中吸取经验，依然获得了成功，因为生活成为他们最好的大学。很多名人也是这样，他们不仅从人物、从历史、从书本中学习，他们也不怕被说，常常反思，不断在生活中和职场上学习并改进。知识可以丰富人的思想，但将知识应用于生活实践而凝练出的智慧，才是职业发展的精髓，是职场必胜的保障。

很多人都把终身学习作为自己的人生信条。一方面，要读万卷书，也当行万里路，我们需要把各种学习，应用于自己的生活和事业，从点点滴滴积累，在合适的时间，转化成一个个智慧宝典。另一方面，任何人都可以成为我们的老师，特别是在实际工作和生活中，时时警醒，处处学习。在学习上，永远做一个智慧人，不骄不躁，虚心好学。

√ 从历史中学习；

√ 从生活实践中学习；

√ 从每一天的工作中学习。

易学：丰富知识，凝练智慧，终身学习。

5. 做智慧人

视频：亡羊补牢

链接：http：//v. youku. com/v_ show/id_ XMTcyODAyNjU0NA = =. html

战国时期，楚国的楚襄王即位后，重用奸臣，政治腐败，国家一天天衰亡下去。楚国有一个大臣，名叫庄辛，看到这种情况非常着急，总想劝谏于王，但是楚襄王只顾享乐，根本听不进别人的话。庄辛果然被贬，楚襄王在国力衰弱后，又将其召回。后来庄辛用了一个亡羊补牢的民间小故事，间接地向楚襄王讲述了一个道理：有了错误不知道去改正，甚至还不相信错误的存在，这样做的结果只能遭到巨大的损失。但是，如果能痛定思痛及时改正错误，就能避免更大的损失，否则，后果将不堪设想。

庄辛似乎是一个不招人待见的人，大家都躲着他，而他明知大王喜欢听好听的，却还努力谏言。但是被贬之后的庄辛，似乎从生活中品味到一些智慧，原本据理力争的他，开始使用民间小故事来作比喻了，而这时的大王，因为环境，国力衰弱，耳朵也打开了……

喜欢听好话的人，听不得意见，他们总期盼大家都“顺着我”来说。这就好比“皇帝的新装”里的皇帝，虽然收获了大家的盛誉，但最终是羞愧出丑。而智慧人都知道，身边有讲真话的人，对自己的职业发展，实在是个安全保障，这样的提醒能帮助人没有走偏，及时被纠正。与此同时，虚心受教的人，常常在这样的指正中，又进一步挖掘出自己的潜能。

众人都知道皇帝什么都没穿，但只有小孩子敢于揭穿。我们应该珍惜身边的“庄辛”，他们不受挫，对待自己的责任，始终不忘初心。因为他们是智慧人，晓得只要人虚心下来，都还有第二次机会。亡羊补牢，为时不晚。智慧人表现在哪些方面呢?

√ 从挫折学习，凡事都是学习教材；

√ 接纳谏言，避免出丑；

√ 带着温和，有技巧地表达不同意见；

√ 欢迎不同的意见，把自己放在能被说的位置；

√ 承认失误，并积极弥补。

易学：温和谏言，亡羊补牢，做智慧人。

五、情景时间

1. 自我认知

1.1 请对照被老板指正的四种反应，你觉得自己是哪种类型？或哪些类型的综合型？

1.2 请思考下述各种说法，看看你认同哪几条，为什么？并解释怎样逐条改进。

（ ）我总是喜欢别人都顺着我说，而且每当这种时候，我都有一种被鼓励的感觉。

（ ）几乎没有什么人会来和我提建议，这说明我一定表现良好，做得称职。

（ ）自从我和广弘发生争执后，梁大姐对我就有意见，话中带刺，满嘴喷“粪”。

（ ）张主任说我在工作中只想着自己，眼里没有其他同事，太伤人了，他不了解我。

（ ）每次有人和我提建议时，我都会说：“谢谢您！”然后我很快就会忘掉。

（ ）我很纠结要否换工作，本想找好友张光诉苦，没想到他竟然说我懒，别人在单位说我，我就认了，可是10年的好友，为什么他也“打压”我？我很难过。

（ ）程鹏提醒我该买保险，我觉得他是暗示我去和他做保险代理的姐夫买，我才不呢！

2. 请阅读小报道，完成阅读三部曲

在经济大势整体下行的当下，宗庆后对娃哈哈的经营状况和管理模式仍然信心满满。8月27日，娃哈哈董事长兼总经理宗庆后在出席“2016年中国500强企业高峰论坛”时表示，娃哈哈目前没有一分钱的银行贷款，还有大量银行存款，这也是管理上的一种创新。宗庆后透露，2016年上半年，娃哈哈在出现负增长的情况下，依然缴纳了31亿元的税收。“尽管受到影响，但是总的来讲，问题不是很大。不管怎么样，关键是要把产品做好，企业管好。”宗庆后表示。

谈及管理经验，宗庆后说，娃哈哈是“高度集中下的分级授权管理”，“大权独揽，小权分散”。他也同时感慨道，中国人比较难管理，因为太聪明。

第一，通过本次阅读，所总结出的2～3点心得为：

心得1：

心得2：

心得3：

第二，这些心得与你有什么联系，怎样将其应用于你的生活和工作？

第三，我自己成长的目标是：

我的成长目标1：

我的成长目标2：

3. 练习时间

请两人一组，完成以下练习

3.1 “卧倒”或“趴下”练习：双方互换，练习3次

A 每当一方喊“谦卑下来”，另外一人就低头或趴下来（用外在姿势提醒心态要低伏）；

B 一方说出：“你需要在……成长”或任何建议时，另一方就说：“谢谢您的提醒。”

3.2 听力测试：要想有能听的耳，第一个训练，就是听清楚、记完全别人的话语，做到“专心、准确、完全”。请两人一组，进入不同的角色，一方将内容念两遍，另一方（不看讲义）凭记忆试着转述一遍。

A 餐厅点菜：三号桌要加1盘冻豆腐；十六号桌要结账；八号桌想要一瓶可乐，一盘山药，10个水饺和餐巾纸；顺便把大门关上，因为七号桌的客人抱怨冷。

B 中医院电话预约：今天会来10个病人，2个腰痛，4个腿疼，1位因轻微车祸，颈、背都痛，其他三位只是来做例行检查。在这当中张小姐需要吃西药，王先生需要热敷。

C 秘书行程：上午九点到国际会议中心，和黄老板见面；十一点三十分时订10个便当；下午两点到建国门的地铁C出口，跟张秘书拿上电脑及演讲资料回到会议中心。

D 会议餐单：午餐，请于十一点五十分时准时送到。10个便当，其中3个鸡肉，2个牛肉，2个猪肉，1个素食，2个凉面。饭钱会请王晓霞打款到餐厅账户上。

4. 学习方法交流

请结合你的一门专业课（或工作技能），列举你的学习方法及心得（例如列出三条），然后与5个同学（同事）讨论交流，并总结你从大家的讨论中，学到了什么。

5. 行动时间：在以下的各种角色中，每种找一位，让他给你提些改进意见

5.1 你信任的老师或领导

5.2 你的室友或是家人

六、本章小结

在学习了尽责不马虎、鼓励不抱怨、自信不自卑这三条职场必胜法则后，每个职业人都有必要认识“受教易学不受挫”对职业发展的重要性。这条法则，帮助人借着他人、书本、历史和环境，找到自己成长的方向，避免不必要的弯路，并挖掘出自身的潜力。智慧人都能谦卑下来，虚心接受意见，他们有能听的耳。这条法则，帮助聪颖热情的你，在激烈的职场竞争中，不会提前败下阵来。

易受挫的人，看似无法适应外在的压力，不理解现实生活（工作）与自我意愿的反差，实则是无法调整好内心被拒绝的感受，也是一种无法认同和接纳自己的表现。他们或沮丧或逃避，有的干脆封闭自己，拒绝发展。其实，人应该拒绝的，正是这种不愿成长的惰性，换句话说，我们要拒绝任何形式的受挫感。有智慧的人，拒绝思想里的负面悲观，拒绝不合理的要求，他们不背包袱，认为“被拒绝”是正常的。他们能够吃一堑而长一智，把每次受挫都思考凝练成宝贵的经验。

拒绝受挫感有很多方法，而虚心好学是最直接而有效的方法。我们或许无法管控冲动的思想，无法降服波澜起伏的负面情绪，但是我们可以选择持续学习。一个人若是心中对知识有饥饿感，保持对成长和智慧的寻求，就一定会脱离受挫感。就像水都往低处流一样，心态低伏的人，容易遇见关爱和帮助。虚心好学，容易遇见智慧，这样的人，也易于进入职场生涯的快速上升通道。

本章的五个要点：

√ 有受教的心、能听的耳，是每个职业人成长和发展的重要目标；

√ 第一反应是习惯所导致的自发反应，第二反应才重要，是冷静下来后的好品格体现；

√ 提升挫商，可保障人的成功，秘诀有心态低伏、习惯被拒绝、熟能生巧和调整价值观；

√ 被拒绝是正常的，别人的提醒背后也包含着爱。职场中要做智慧人，有智慧地倾听；

√ 任何人都可以成为我的老师，虚心好学是智慧的，要欢迎身边有说真话的人。

七、行动时间

– 我的笔记与心得 –

请从受教、易学的定义或各个必胜小法则中，选出两个，作为你下一阶段的成长目标：

合作豁达不自我

一、短片讨论

1. 雁行理论

链接：http：//v. youku. com/v_ show/id_ XMTM1Nzk3NjQ4NA = =. html? beta&from = s1. 8 - 1 - 1. 2&spm = 0. 0. 0. 0. SVVgPw

小讨论：

1.1 短片中叙述的雁行理论有哪些内容？请试着写下来。

1.2 从大雁的迁徙中，你学到了什么？

2. 美国梦之队

A 磨合为重——2016 里约奥运会美国男篮梦之队全员集结

链接：http：//v. youku. com/v_ show/id_ XMTY1MDA0NjY4NA = =. html#paction

1989 年国际篮联（FIBA）更改规则，允许职业球员参加国际篮球赛事。自此，人们把网罗众多 NBA 明星球员的美国队，称为“梦之队”。

小讨论：

这些打了 8 年、9 年、10 年的球员们，现在要组队备战奥运，最重要的是什么？

B 2004 雅典奥运会美国梦 6 队走下神坛

链接：http：//www. tudou. com/programs/view/ww10uTLaB4c/? spm = 0. 0. 0. 0. Et1Y0f

小讨论：

B1 请问，是否球队是全明星阵容，就一定能取得冠军？

B2 梦之队蝉联多年锦标赛和奥运会冠军，为何在 2004 雅典奥运会失利？
请分析梦 6 队失利的原因有哪些。

二、合作意识

1. 协同作战

从梦之队这个昵称，你就可以看出人们对它的喜爱和敬仰。而梦 1 队直到梦 4 队也果真不负众望，分别拿下了三届奥运会和一个世锦赛的冠军。一时间，梦之队与所向无敌画上了等号。但随后的梦 5 队在 2002 年的世锦赛仅排名第六，而梦 6 队在雅典奥运会半决赛中，负于阿根廷队，无缘决赛，最后仅摘得铜牌。一时间，梦之队成了“梦醒队”，各路媒体还称呼其为“梦游队”“梦魇队”“梦断队”。看来全明星阵容，并不能确保球队的得胜。

当梦 5 队在 2002 年世锦赛排名不佳，美国必须在 2003 年预选赛赢得前三名才能取得奥运参赛资格时，篮协曾组建过一支由 NBA 一流球星参加的队伍。这支队伍轻松获得第一名，并取得了进军雅典的资格，但是很快就分崩离析了。有的人出于安全原因放弃参赛，有的不愿意为国家效力，而有的则对球队有着这样或那样的意见。最后，12 名球员中有 10 人选择不去雅典比赛，美国篮协只得寻找替代人选，因此，梦 6 队匆忙上阵。梦 6 队失利的原因有很多，如组队时间短，磨合时间不够，年轻气盛不服裁判（可能影响发挥）等等，但很多专家认为缺乏配合是关键。一支得胜的队伍，除了各个队员都出色外，能够协同作战是关键。

在职场中也是这样，没有哪个人可以样样精通，一个人不足以成就大事，我们应该认识到合作是必然的。若每个人都强调自己的重要性，忽视同事的贡献，这样的团队，其实未上场就已经先败了。看到蚂蚁、野雁的生存合作模式，人类真的应该好好反省一下。在大雁的飞行大队中，它们轮流领飞，互相尊重；不奉行强存弱亡，而是彼此接纳，善待受伤的大雁；它们也意识到，一只大雁挥动一下翅膀，大家都会受益。看来，团队合作的基础是承认我们互相需要，并接纳彼此，而职场必胜的法则是，每个人都要有合作意识，能够与所在团队协同作战。

合作：思想上，接纳彼此，有合作意识。

2. Win-Win 是智慧

英国皇家海军有一次招考雇员，口试题目为：在一个大风雪的夜晚，你开着一辆车，经过一个车站，有三个人在等车。一位是快要病死的老太太、一位是曾救过你命的医生、一位则是你梦寐以求的情人。请问，你会选择载哪一位？

√ 载生病老人，因为救人第一。

√ 载医生恩人，为了知恩图报。

√ 载梦中情人，可能一辈子再也碰不到。

被录取那位的答案是：把车给医生，让他载老人去医院，我留下来陪梦中情人等公车。

在职场中，很多人仅看到“尔虞我诈”，认为只有“你死我活”的关系。其实，运用智慧，依据双赢（Win-Win）的理念，都能找出适宜的合作模式，使众人都受益。为什么你我想不出这样好的答案呢？或许是因为我们都被自己的利益抓住了，不愿意放手（从没想过要放弃自己的车）。

合作：行动中，放下私利，扩大受益面。

3. 团队要沟通

小强兴奋地告诉家里人，明天就要大学毕业了，并说特意买了新裤子，要穿着去参加毕业典礼。吃晚饭的时候，趁奶奶、妈妈和嫂子都在场，小强把新买的裤子长两寸的情况说了一下，但饭桌上大家都没有反应，饭后也各自去忙自己的事了。

妈妈睡得较晚，临睡前想起儿子明天要穿的裤子还长两寸，于是就把裤子剪好叠好放回原处。半夜狂风大作，窗户"哐"的一声把嫂子惊醒。嫂子醒来后突然想到小叔子新买的裤子长两寸，于是披衣起床将裤子处理好后才安然入睡。老奶奶起得早，也想到孙子的裤子长两寸，于是对小强的裤子做了处理。

结果，第二天早晨，小强只好穿着短四寸的裤子去参加毕业典礼了。

提到团队合作，一般人都认为自己是很愿意和别人合作的，却不知为何看不到合作的效果，也不晓得从哪里入手。按理说，两个人的合力，肯定比一个人大，但为何人多反而不好办事呢？就像故事中的奶奶、妈妈和嫂子，都是爱小强的，都想帮小强把裤子弄好，但结果却事与愿违，因为她们都各自行事，相互间没有沟通。其实当小强说出自己的需要时，大家都在饭桌上，那时若有人明确职责，小强就可以穿着长短合适的裤子，去参加毕业典礼了。看来，想与别人建立合作关系，首先要明确职责，其次要学习沟通。团队内部沟通特别需要注意的是：

√ 开会做决策时（大家都在），要及时表达意见，不要总想着会后私下聊；

√ 做完自己的部分，要随时用邮件、电话做更新/报告；

√ 对团队决策不满或不服时，要和对的人（负责人）沟通，避免散布负面性的言论。

合作：工作中，及时沟通，定期作汇报。

4. 圈子很重要

有一个词，叫职业人网络。就是指由与你的专业/职业相同或相近的人，所组成的一种朋友圈。留意结交人脉，组成自己的职业人网络对职业发展很重要。这个网络，便于专业交流，也利于获取商业资讯，特别是在求职方面。小王找到新工作，就是看到朋友圈登出的招聘信息；小马说他两次换工作，都是以前的同事推荐的；小张最后当上总经理助理，也是由于领导升任总经理后，才提拔了他。看来，我们所在的圈子很重要，所以，要与大家都相处得好。

小方在波士顿大学毕业前，早就想清楚了要搞金融，但是怎么才能够进入金融这个圈子呢？他周间打工，周末就坐公共汽车去波士顿金融区。这个地区的公共汽车一个小时才有一班，他就背着干粮，带着牛奶，一出去一整天。在金融街，他认真看大厅内的面板，记下来这些公司的负责人名字、部门是什么。之后找到公司的总部电话，试着打电话和负责人谈。通过这种方式，他和某分公司接上了头，很快就去这家公司做了实习生。五六年后，他升任全球三大投行中某银行的亚太部总管，现在已经下海自己创业了。

通常人都愿意给周边的人带来些正向的帮助。若是我们愿意多结交朋友，并能与人和睦相处，克服"既生瑜何生亮"的情结，一旦进入相应的圈子，哪怕基础低一点，也会得到圈内人的帮助，不断地往上走。平常生活中，我们要注重人脉，培育相应的职业人网络。

合作：生活中，结交朋友，善与人相处。

三、跳出自我

以自我为中心的人，好像一直在跳一种舞蹈，仅看到自己的需要（感觉、付出、利益……）。这种称为“自我中心症”的舞蹈，就是在围着自己转。这样的人，生命所带出来的，多是自私、狭隘、自怜、封闭……在实际生活和工作中，没有人愿意与这样的人为伍。因此，职业人若想职场必胜，必须远离自我中心。其方法是先来认识自我中心的各种表现，并以此为警戒。

1. 思考与讨论

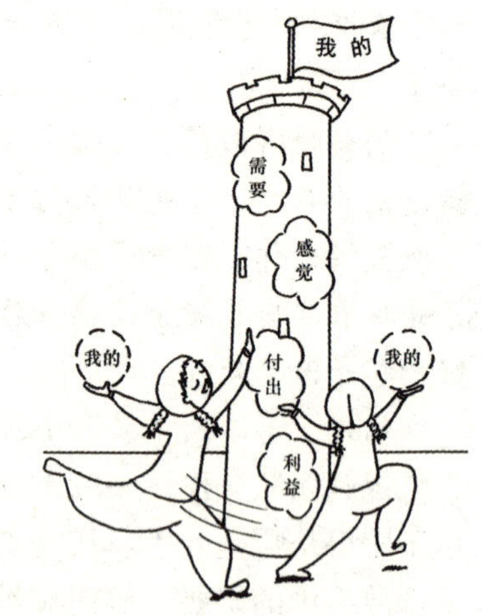

1.1 你见过自私的人吗？以自我为中心有哪些表现？

1.2 与之相对应的好品格是什么？

2. 自我中心的表现

A 斤斤计较

视频：王旦宽以待人

链接：http://v. youku. com/v_ show/id_ XMTYwMzI3NDA =. html

宋朝时，王旦任宰相，寇准任枢密使。王旦为人以宽厚著称，寇准则性情刚直，为人坦率。一次，王旦发公文，格式写错了。寇准将此事禀告皇帝，使王旦受了责备。王旦不仅没有记恨寇准，反而一直在皇帝面前称赞寇准的人品。皇帝说：“你经常夸奖寇准，但他却常挑你的短处。”王旦回答说：“臣担任宰相，一定有很多过失，他挑出我的短处，说明他忠心耿耿。这正是我敬重他的原因。”寇准知道后，前去拜见王旦：“你真是一位宽厚仁义的君子。”

有人曾戏称，真希望自己所遇到的自私之人快点遭报应，可见，被人挑剔和举报的滋味，是不好受的。不过，我们无法掌管他人的命运，唯一能选择的，是走好自己的道路。王旦被寇准“举报”后，没有不平，没有斤斤计较，也没去争辩：“为什么你没有看见我的辛苦和以往的业绩?”他更没有恶言以待，或是耿耿于怀，反而因为了解寇准的人品，虚心接受下来。这样的人，是一个豁达宽广的人，而豁达人定受他人的尊敬。当有人批评林肯总统对待政敌过于恩慈时，林肯笑而回答：“难道这不是在消灭政敌吗？当我们成为朋友时，政敌就不存在了。”在与同事相处中，重点是要认识一个人的人品、做事的动机。胸怀宽广的人，能化敌为友。

必胜法则：豁达不计较，化敌为友。

B 自我保护

有一种人，无论你问他什么，他都可以怪到别人身上，从来不面对问题，认为自己永远正确。其实别人并不是想找什么麻烦，他们很可能就只是想解决问题。合作的氛围，是营造一种多讨论、常沟通的气氛，让大家的关注点不是纠错，而在于一起来解决问题。有人说，我们每个人都在演一台戏给天使看，人在做，天在看。总是怪别人，既保护不了自己，也留不住面子，只能增加解决问题的难度。

必胜法则：敢放下面子，解决问题。

C　唯利是图

小光和小强是好朋友，一天，他们二人在郊外散步，小光在地上拾到一个装满金子的布袋，他马上收起来。小强看见了，开心地说道："我们有意外财产了。"小光冷冷地回答："什么？说'我们'不恰当，"他指指自己，"确切地说，应该是'我'。"

小强没和他争论。走到树林边时，忽然出现了两个强盗。小光发抖了，他向小强望了一望，说："我们完了。"小强很镇静地说："不是'我们完了'，你应该说'我完了'。"小光没办法，只得把那袋金子交给了强盗。

在职场中，有少数的人，他们有利益就上，见责任就躲。你若是和他组成一个团队，什么好处都得让着他，简直没有任何能共享的东西。若是团队做出了什么成绩，他也会把功劳说成主要是他的，完全没有互利互惠的观念。一根筷子很易折断，但三根在一起，就很难，团队的力量是大的。总想牺牲别人利益，自己占便宜的人，最终自己也得不到什么好处。

必胜法则：喜互利互惠，共享共赢。

D　封闭自怜

小华丢了背包，里面有小组的图纸，组长很着急，"命令"他回去，把走过的路都再找一遍。小华跑遍了各条走过的路，筋疲力尽，也没找到。其实他丢的背包里还有自己的户口本和身份证。小华觉得倒霉死了，证件还得回户籍所在地办理，需要请假，又得扣工资。他想到组长"气急败坏"地命令自己，既害怕向全组交代，又觉得委屈，其实自己的损失也很大呀！所以他躲着组长，不想和他说话。

合作中，必须有换位思考的能力，要想到自己对别人，对大家所造成的损失，而非仅想到自己的委屈和不易。有人是刻意想占别人的便宜，但有些人，例如小华，则总是活在自己的感受里面。这种情况，也会在无意中，把自私带给了群体，也是需要成长的。

必胜法则：做换位思考，走出自怜。

E　没安全感

小凯并不想把自己的工作经验告诉小张，他解释说小张应该自己学会，但其实他是担心教会了小张，自己在团队中就没有优势了。

娜娜在一所幼儿园上班，开始她什么都不懂，李姐总是手把手教她，安慰鼓励她。其实李姐作为年级长，自己也很忙。后来李姐辞职，打算自己开间幼儿园。有一天，娜娜的园长决定将幼儿园出卖，娜娜听到这个消息，第一时间告诉李姐，结果李姐用很低的价钱，购得很多家具和用具。

一个人能胜任职场，一定是曾得到过某些人的帮助。智慧地分享自己的经验，不一定会丧失自己的优势，还可能赢得一个朋友。古话说，有给人的，就有给他的。若想职场必胜，在工作上，要学会助人。

必胜法则：能分享经验，热心助人。

F　闲言闲语

有的人，就是喜欢闲言闲语，到处散布小道消息，好像说起来很过瘾似的；还有一些人，他们随便批评，故意挑拨，其实是出于自己的私心。要知道工作场合是一个倚仗效率，产生价值的场所。负面和嬉笑的话语是传递负能量的，要么给团队带来乌烟瘴气，引发分裂和猜疑，要么使团队涣散，没有纪律，从而消耗团队的生产力。我们应该思考大雁飞行大队的合作模式，团队中需要的是鼓励和肯定，而非挑拨离间、批评论断、闲言闲语。

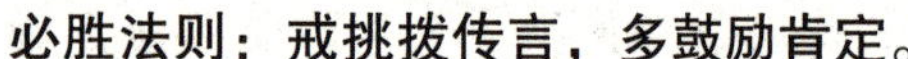

必胜法则：戒挑拨传言，多鼓励肯定。

G　主观武断

这是一种隐藏最深的自私，却是典型的自我中心。主观的人，有时仅注重从自己的角度来判断事情，并据此来说话和做事。即便在帮助别人时，他们也仅凭经验，瞎搬硬套，无法根据对方的具体情况，来灵活处置。克服这类主观的方法，就是要放下自己的意见。

有时候，我们虽然没有单从自己的角度，却因听信一方言论，就轻下断语。例如面对争吵的一对夫妻，单听妻子的控诉，我们都会很气那位丈夫，而偏听丈夫的言辞，我们又会觉得他的太太简直不可理喻。这就是为什么有些公司的领导层分裂后，大家马上占队，团队一分为二。因此，为了避免主观，听话要听两面，免得一味论断，造成结党，不利于团队的健康发展。

主观的人，也很难想到对方的感受。有时他们因为害怕沟通，就拒绝交流，说“这是小事情，我都很好”。要知道沟通的目的并不是为了辩论孰对孰错，而是为了下次大家可以配合得更好，因为合作是需要互动的，而互动则必须经过磨合。

主观的人，总认为自己的看法是对的，他们固执，有的人还好辩，容易与人起冲突，职场经验告诉我们，就算你看的是对的，是事实，但如何来表达，也需要智慧。因为同事关系一旦破裂，弥补起来也是要花些力气的，不如少树敌，避免对立。

怎样成长呢？方法是在下论断或做决定前，思考：“万一我错了呢？”

必胜法则：听话听两面，愿沟通磨合。

3. 自我中心的应对之法

综上所述，自我中心的表现五花八门。简单的有不愿助人，总想着自己的利益和需要；激烈一些的，竞争嫉妒，搞团团伙伙；若是不加以制止，还会发生抢功、争吵、诬告等行为。所有这些表现，带给团队的，不是生产力、战斗力，也不是和谐与快乐，而是嫉妒纷争和乌烟瘴气。俗话说，谋士多，事情也容易做成，团队需要凝结大家的智慧和力量。自我中心只能给团队带来伤害，因此，每个职业人都要学习融入团队，避免单打独斗。

怎样跳出自我中心呢？自我中心的对立面就是放下和分享。

√　敢于放下自己的利益，放下自己的意见，放下自怜和不安全感，融入团队中；

√　学习分享自己的挣扎，分享经验和工作心得，乐于助人，贡献自己的力量。

一个人若是留意克服主观，避免论断和逃避，在思想、话语、行动上持续注入爱的元素，学会放下和分享，就能跳出自我，拥有一颗豁达的心。这样的人，也一定能做到职场必胜。

四、豁达的心

上面分析了自私的表现，下面，我们来讨论豁达的表现，以及豁达是如何助力于与人合作的。

1. 取长补短

青蛙好想和它的飞鸟朋友们一起到南方去过冬。但路途太远，它不会飞啊！经过冥思苦想，它想到一个好办法。它找来一根木棍，请两只鸟分别噙住两头，它则用嘴咬住中间，这样一来，它也可以"飞"了。当它们飞过一块农田时，一个农夫说："看！多奇妙，谁能想到这样的办法，一定是个天才。"另一个农夫应声回答说，"一定是飞鸟中的一位。"青蛙听见，很不高兴，连忙大声喊道："是我，是我……"然后人们就看见那只青蛙从空中掉落在田地里。

若是没有两只飞鸟的配合，青蛙有再好的主意也是白搭。一个健康的团队中，有带领者，有执行者，还有黏合者、督察者等，大家一起都在贡献力量，要学会彼此珍惜。尺有所短，寸有所长。没有完美的人，只有完美的团队。若都在吹嘘自己，不愿归荣耀于团队和别人，只能造成争竞嫉妒、四分五裂的局面。合作的秘诀，在乎取长补短，彼此欣赏，利益共享。

豁达：欣赏他人，取长补短，利益共享。

2. 恩慈相待

两个朋友一起在沙漠中旅行。二人突然争吵起来，一人打了另一人一巴掌。那人很伤心，在沙里写道："今天我朋友打了我一巴掌。"走到一块沼泽地，那人不小心掉进去，朋友拼了命把他救上来，于是他拿了一块石头，在上面写道："今天我朋友救了我一命。"朋友一头雾水，问为什么写在不同的地方。那人笑答："当人对不起我时，要把它记在最容易忘记的地方。当人有恩于我时，要把它记在风吹雨打也不会消失的地方。"

既然同处于一个团队，同事间一定会有磨合，有欢乐时光，也有冲突之时。保持合作的秘诀是常常记得别人的恩情，忘掉那些无意的伤害。例如在开会时，别人与我们的意见相左，这时要明白，对方不一定在针对我们，很多时候，仅仅是就事论事。只要每个人都是希望团队更好，就没必要过于计较。豁达的人，不记仇，恩慈相待，单单记得别人对我们的好。

豁达：只记好处，忘掉伤害，恩慈相待。

3. 彼此信任

影片《危情时速》中，当弗兰克和威尔彼此挖苦、互相嘲讽时，他们的关系是紧张的。当他们分享了彼此的家人和内心的挣扎后，二人的关系亲近起来，特别当挽救失控列车成为他们的共同目标时，极深的信任感被建立起来。他们生死与共，一起完成了看似不可能完成的任务。

消防员和警察在执勤中，与搭档（战友）一起出任务时，他们协同作战，背靠背，肩并肩。若是你要问为何要冒生命危险救出战友时，他们都会告诉你："因为对方也会这样为我而做的。"这就是彼此愿意为对方牺牲所带来的信任。看来，分享和奉献，成就的是信任和支持。团队若想达成目标，必须建立信任的关系。

豁达：分享内心，信任他人，目标一致。

4. 以德报怨

链接：http：//www.tudou.com/programs/view/bKWZsw7L22M/

孔子说：以直报怨，但黄国伦的讲演题目是“以德报怨”。黄国伦是怎样从“以牙还牙，以暴制暴！”“讨回公道，才是王道！”中走出来，开始学习以德报怨，并认定“以德报怨”可以扭转乾坤，创造奇迹的呢？请看他自己讲述的两个小故事：

当兵的时候，我顶撞了一个班长，对方就开始百般刁难我，甚至纠集一群班长，彻夜体罚羞辱我。那时候我充满了恨，我说：“就算把我打死，我也绝不屈服！”有一次我警告他，如果你再欺负我，小心我拿枪毙了你！你猜他停止了吗？没有，反而愈演愈烈，变本加厉。我远在家乡的母亲，非常担心我，只有彻夜不停地为我祈祷。有一天这个班长，抱了一大叠的书，在我的面前跌了一大跤，天呐，这是千载难逢的机会！可以好好给他幸灾乐祸一下！可是我没有，我蹲下来帮他把书一本一本捡起来。班长惊恐地看着我说：你，你要干什么？！我说：报告班长，帮你捡书。他说：为什么？我说：因为你需要帮助。我拿枪威胁他的时候，他都没有那么怕我，突然他说了一句话：你有病啊你！然后抱着书跑了。

我在艺人协会当理事长期间，有个知名艺人，因为一些误会，竟当着所有人的面，狠狠地指责骂我，然后他撂下一句话：“只要你在这里一天，我就不会来。”我那时候觉得忍无可忍，我心里最想说的话是：“你留我走！老子不玩了可以吗？”这时，我眼前似乎看到两个选择，一是一走了之，不要再受气了；第二个选择：化干戈为玉帛，但是我必须先道歉。我决定选择后者，我站起来，握住他的手，说：我向你道歉！我不应该生气，你说的我都会改，我们谁都不要走，我们一起为公益继续打拼！当我说完这些话，他哭了，我也哭了，所有人都哭了，然后我们相拥和好。从那天开始我们感情变好，我们一起为公益做了许多美好的事情。

看来以德报怨是一种选择，是一种跳出自我的表现，虽然它做起来很难，但它可以创造团结！没有人天生就会以德报怨，我们都习惯于以牙还牙，但是问题依然无法解决，关系仍然不顺紧张。就像黄国伦说的那样，你越抓住仇恨你越痛苦，你越想报复你越不快乐。

其实，你是有权利报复对方的，但仇可报可恨难消啊。《天堂遇见的五个人》中，有一句台词是这样说的：“我们带给别人的伤害，我们也带给了自己。”看来，报复并不能使我们从痛苦中解脱出来，只有人性美德中的宽恕、恩慈和祝福，才能使人心从伤害和束缚中解脱。以德报怨并不是便宜对方，而是放过自己，使你的生命更加快乐有意义，你才是最后的赢家！

若想学习以德报怨，要先从宽（饶）恕开始。

小练习：看了这个短片，你愿意学习以德报怨吗？

请安静一下，看看你的心中，有没有一个人，他/她伤害过我们……

这个名字或许使我们恨得牙痒痒，或许心中隐隐作痛，真的很想报复他/她！

这时，你是否愿意宽恕，并在心里祝福他/她，这样的祝福会使你的心感到轻松和自由。

请按下面的公式进行：

我，__________（你的名字），愿意饶恕他/她______________（人的名字）______________（所说/做的）。

我，愿意祝福他/她____（你为对方真心想到的好处）。

豁达：放下怨恨，祝福对手，以德报怨。

5. 互相道歉

有位关系专家说，所有靠得住的关系，都是经过真诚认错的。在团队合作中，跳出自我是必须的，而跳出自我，必须具备“跳出来思考”的能力。当冲突发生后，不要太入戏，而是跳出来，好像在圈外观看，把自己从生气、思辨中“择”出来。例如，“此事若发生在别人身上，该如何呢?”而且一旦发生了冲突，若想弥补关系，真心道歉是必要的。

小唐与爱琳这些天常常“针锋相对”，老板征求意见，小唐说A，爱琳就非要说B。小唐为此非常伤感，想到自己曾多么帮她，她怎么可以不支持自己的建议呢？使用“跳出来”思考后，小唐意识到没必要把关系搞得这么糟。她安静下来后又想起，前两天爱琳想得到支持，我也没有支持她呀！看来是我先“得罪”了她！小唐决定向爱琳道歉。

发生冲突，一定是双方都有责任。当我们总是想到自己的委屈，付出得很多时，问题往往很难被解决。其实，跳出来想一想，很可能是我们有亏欠在先。团队间要习惯互相道歉。

豁达：跳出来想，看到亏欠，愿意道歉。

6. 祝福之道

在电子公司上班的莉莉，发现公司布满了“小圈子”。小老板罗力对她很照顾，另一组的人就嫉妒她。后来罗力辞职，莉莉被安排在原本嫉妒她的小花手下。很快，“你的项目做得不行”“一点都没价值”的话，就从小花嘴里说出来，莉莉可伤心了。她真想一走了之，但想起黄国伦不仅饶恕了，道歉了，还真心祝福对手，帮助那些伤害过他的人，莉莉也开始饶恕，在心里祝福小花，也愿意顺从小花的指令。渐渐地，小花对她的脸色缓和起来。一次，小花又训斥另外一个同事，结果闹到大老板那儿，小花不得不道歉。事后，小花想起莉莉，感念她没去大老板那儿告过状，二人就和睦起来。而这时的莉莉，却开始嫉妒小花了，每次领导表扬小花，她的心里都不舒服。怎么办呢？她发现只要多祝福小花，那种羡慕嫉妒恨就会缓解；特别是她主动称赞小花后，嫉妒消失了。莉莉庆幸自己没有一气就离开公司，留下来反而成长了。

生命的功课就是这样，不是发生了冲突，就用换工作来解决。因为你会发现，无论换到哪里，该学的，还是要学。频繁更换工作，只能使功课越来越难，不如勇敢面对，学习祝福之道。莉莉明白了祝福之道，人际关系开始缓和，工作也做得顺手多了。她很愿意分享自己的心得：

√ 一个人怎样对我们，也会怎样对别人。我们的任务，就是饶恕祝福，适当沟通。

√ 除了饶恕和道歉，还要真心祝福对方，例如，祝福对方的心愿可以达成。

√ 心里的不舒服，若不抒发或制止，会一直萦绕于脑海，接着就会说/做出来，影响关系。

√ 避免对立/胜过嫉妒的秘诀：一有不舒服的感觉，立刻在心里祝福，不要累积。

豁达：祝福之道，饶恕道歉，拒绝嫉妒。

7. 爱与智慧

小燕是部门副主任，新来的小马很傲气，常顶她。这次小马又让她很生气，小燕使用“跳出来思考”后，突然想起上星期在处理小马和小高的冲突时，所说的话也缺乏智慧。看来，还需要和小马再沟通一次。思索良久后，她把微信签名改为：把每个伤害我的人和每件烦扰我的事，都当作增加自己爱与智慧的机会，能叫人停止一切的怨言和叛思。

豁达的人，不仅饶恕、祝福，而且在别人看来很严重，很伤人的境况，他们看为小事情，甚至看成是令自己增加爱和智慧的好机会。豁达的人，可以与任何人合作。

豁达：立志和睦，爱里思考，增加智慧。

五、情景时间

1. 自我检测

下面是阿里巴巴要求员工的行为准则，“六脉神剑”之团队合作：

1.1　请你结合课程教导，对每一条做自我检测，并逐一理解：

（　）共享共担，平凡人做非凡事。

（　）积极融入团队，乐于接受同事的帮助，配合团队完成工作。

（　）决策前，积极发表建设性意见，充分参与团队讨论。

（　）决策后，无论个人是否有异议，必须从言行上完全予以支持。

（　）积极主动分享业务知识和经验；主动给予同事必要的帮助。

（　）善于利用团队的力量解决问题和困难。

（　）善于和不同类型的人合作，不将个人喜好带入工作，采用“对事不对人”原则。

（　）有主人翁意识，积极正面地影响团队，改善团队士气和氛围。

1.2　对照自己的表现，对自己提出三个成长的目标。

2. 帮帮巧珍

巧珍是课题组长，课题组内有小张、小唐、秦姐和老梁。小张喜好把事情都想清楚了再做，而小唐是行动派，认为实践是检验真理的唯一标准。他们两个从一开始辩论几句，到后来每次会议上都针锋相对。不过，二人有一点相同，就是都不喜欢同组的老梁。老梁每次不是和小张谈谈，就是和小唐谈谈，大家觉得他“游手好闲”。秦姐是老员工了，她奉行的原则是：事不关己，高高挂起，我只要把我自己的工作做好就行了。所以，每次发生争执，秦姐都视而不见，老梁则四处周旋。就这样，虽然小冲突不断，但是工作依然还能完成。渐渐地，小张和小唐对老梁的抱怨越来越多，认为工作都由我们做，奖金还要分他。所以，二人分别给巧珍施加压力，巧珍就把老梁给劝退了。有一天，秦姐突然说自己已经生病好久了，要求减少工作量，课题组长巧珍吓了一跳，问怎么不早说？与此同时，小张和小唐的关系更加紧张，处处剑拔弩张，工作质量大幅度下降。这时的巧珍才发现，现在全组的工作量，几乎都压在自己一个人身上。

请你帮助巧珍，捋清思路，问题出在哪里？每个人该怎样改进？

若是可以从头来过，巧珍应该如何处理组员的问题，每个人该怎样改进？

3. 请填空，完成雁行理论

野雁每年要飞行好几万英里，没有一只野雁会升得太高，当领头雁鸟展翅拍打时，其他雁鸟会跟进，借由V字队形，整个雁群比单飞时，至少增加71%的飞行距离。

雁行理论：________________________________。

脱队的大雁，会感到独自飞行的吃力，会立刻回到队形中，继续享用鸟群的浮力。

雁行理论：____。

它们强化自我专长，协力互助，当领队的野雁累了，会轮流飞在最前端。

雁行理论：____。

后面的雁鸟会利用叫声来鼓励前面的同伴，以保持整体的速度。

雁行理论：____。

当有一只鸟生病或受伤时，会有两只飞下来协助照顾它，直到它康复或者死亡为止。

雁行理论：____。

雁鸟数万里迁徙的和谐，或许源于了解没有风，就飞不起来，同心感恩风的助力。

雁行理论：____。

4. 警句分享

请你从下面有关合作的警句中选出两条，背下来，时时督促自己：

√ 天时不如地利，地利不如人和。——先秦·孟子
√ 能用众力，则无敌于天下矣；能用众智，则无畏于圣人矣。——三国·孙权
√ 二人同心，其利断金。——《易经》
√ 谋士众多，其谋乃成。——《圣经》
√ 愈是自己有错的人愈不肯宽恕别人，这是个规律。
√ 经常谈论别人的短处，只会使一个人心胸狭窄。
√ 忍一时风平浪静，退一步海阔天空。

六、本章小结

在学习了四条有关个人的职场必胜法则后，本章进入团队间的合作问题。人具有社会性，不可能离开人群。因此，有能力与人相处好，就成为职场必胜的必要条件。随着交通和科技的发展，世界越来越小，社会分工越来越细，技术也越来越先进。无论是公司，还是任何机构，个人岗位的重要性正在逐步降低，很多项目都是以团队为单位而进行的。因此，若想提高工作绩效，从业过程顺畅，人必须愿意合作，并借着学习合作，立志做一个豁达的人。

自我中心的人，总是围绕着自己的利益、感觉、需要来转，自我中心，对团队合作的破坏力最大。没有人愿意和处处自私自利的人成为合作伙伴。一个人若想跳出自我，不断成长，就需要多分享（经验、荣誉等）和能放下（面子、利益、道理等），能够换位思考，跳出来思考，扩大自己的度量，成为一个豁达的人。

若是我们变得只记得别人的好，学习融入团队，信任同事，有矛盾出现时，也能饶恕道歉，用祝福去回应，操练以德报怨，我们的心胸就会宽大起来，成为一个豁达之人。豁达和合作，是两把宝贵的钥匙，能帮助人跳出自我，融入团队，进而保障其职业发展之路平稳顺畅。

本章的五个要点：

√ 一个人不足以成就大事，要善与人相处，团队间要接纳、配合、沟通和共赢；

√ 自我中心在团队合作中的害处最大，表现在斤斤计较、自我保护、主观武断等方面；

√ 自我中心的对立面是放下与分享，职业人当跳出自我，成为一个豁达之人；

√ 豁达的人，不争竞，不嫉妒，他们取长补短、祝福饶恕、以德报怨，有爱有智慧；

√ 和谐的团队，以恩慈相待、彼此信任、互相道歉为标志，豁达的人与任何人都能合作。

七、行动时间

–我的笔记与心得–

____

____

____

____

____

____

请从合作、豁达的定义或各个必胜小法则中，选出两个，作为你下一阶段的成长目标：

____

____

感恩坚忍不放弃

一、短片讨论

1. 单点鸡块

链接：http：//v. youku. com/v_ show/id_ XOTk2NDIzMDQ =. html？from = s1. 8 – 1 – 1. 2

小讨论：

1.1　视频中，全世界会有25000人死于饥饿，请问是多久？一年？五年？

1.2　今天父母给我们钱花，有食物吃，你有没有觉得都是理所当然的？

1.3　那些贫困的孩子，对待捡回来的食物，心情和心态如何？

感恩：内心所生发的感激之情，用表情、言语和行动表达谢意。
感恩的心：无论环境如何，自我感觉如何，都保持一种乐观积极、心中感恩的态度。

2. 那个比我更晚去的女生

链接：http：//www. tudou. com/programs/view/GrQ6DMLt_ 70

小讨论：

2.1　短片发布后，浏览量迅速达到百万以上，有些网友质疑，还有这么穷的人吗？请问你见过类似的场景吗？

2.2　片中的男同学原来每天的心情和感受是怎样的？

2.3　自从看到那个比他来得还晚的女生，他的态度发生了怎样的变化？
改变之后的男生，采取了什么样的行动？

感恩：对于周遭的环境，以及自己所处的状态，既有满足感，又可自我激励。
感恩的心：不被难处吓倒，也不自怜退缩，而是化作坚忍，永不放弃。

二、感恩的心

看了两个短片，你不禁会发现，人会不会感恩，与所处的环境是不相关的。身处贫民区的孩子，可以为着残羹剩饭而感恩，而腰缠万贯的富人，可能依然抱怨连连。为什么那个男生看到来得更晚的女生后，开始有力量刻苦学习了？因为连她都没有放弃，我为什么不能坚持？看来，困境并不是阻挡人继续努力的原因，反而应该成为使人具有坚忍品格的动力源泉。想想每天约有25000人死于饥饿，你还需要计较什么吗？那些情况更糟的人都还在感恩，为什么我们每天却郁郁寡欢呢？还有，短片中的人物都在努力，都还没有放弃，那我们为什么不能怀有感恩的心，相信自己有美好的未来呢？

1. 为你拥有的感恩

霍金说：一个人身体残疾了，决不能让精神也残疾。曾有6次非常近距离和死神交过手的他，不仅顽强地活了下来，而且对生活还依然保持着乐观幽默的态度。一次演讲结束后，一位女记者冲到演讲台前问霍金："病魔已将您永远固定在轮椅上，你不认为命运让你失去了太多吗？"霍金的脸上充满了笑意，用他还能活动的3根手指，艰难地叩击键盘："我的手指还能活动；我的大脑还能思考；我有终生追求的理想；我有爱我和我爱的亲人和朋友。"接着他又艰难地打出第五句话："对了，我还有一颗感恩的心！"现场顿时爆发出了雷鸣般的掌声……

看来，使人保持旺盛生命力的是感恩的心，就是无论环境如何，也无论经历过什么样的病痛，都能在其中找出具有生命力的正面意义，珍惜已有的，保持乐观幽默的态度。

小张辞掉原来的工作，去北京打工，做了北漂。他每个月的生活都很紧张，除了房租很高，工作也有压力，项目常做不出来。他每晚躺在床上都睡不着觉，想到从前，他曾做过项目组长，得过多项奖励，心中不免感到凄凉忧伤。但他就是决定要保持一颗感恩的心，他对自己说："我为着我还有一张床睡觉而感恩，为还有一份工作感恩，为能来北京而感恩。"半年后，小张凭着扎实肯干开始赢得老板的器重，并得到加薪，他感觉自己渐渐适应北京的生活了……

抱怨自怜的人，总是觉得委屈，无论是和过去比，还是和同学、朋友比。智慧的人却能明白，当人敢于承认现在的状况对我来说，已经是很好了的时候，就会摆脱负面，并激发自己产生一种生命动力，对未来充满希望。当人总想着自己这也没有，那还没有时，不如换个角度想一想，若不是上天怜悯，我们的情况也可能更糟啊！当小张开始为所拥有的感恩，试着往好的方面去想的时候，他的心就安静下来，他也会渐渐擦去眼泪，步入幸福。

你愿意成为一个感恩的人吗？

√ 为赐予我们生命的父母感恩；
√ 为能够得到教育机会而感恩；
√ 为着得到过他人的帮助感恩；
√ 数算你自己曾经得到的祝福；
√ 为你目前所拥有的一切感恩。

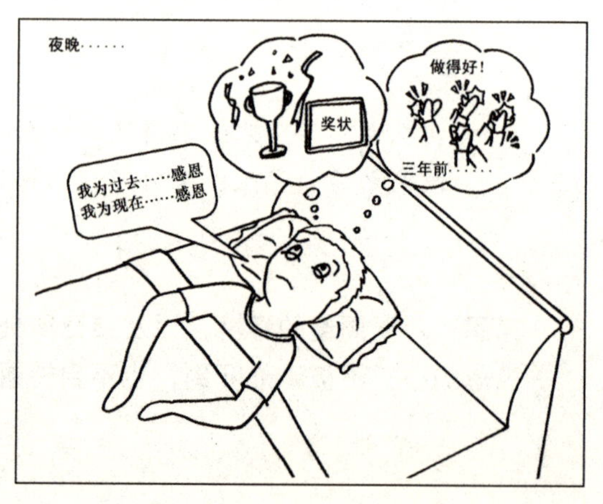

小练习：思考你现在的生活/工作状况，请找出三条你已经拥有的、正面积极的来分享和感恩，例如父母的辛苦、得到的机会、已有的成就等。

感恩：为你所拥有的感恩，凡事都往好处想。

2. 感恩的心

小马为找工作都愁死了，每天都和同学诉说自己有多难。终于有一天，在同学聚会上，他高兴地宣布，他找到工作了，大家都欢呼雀跃，为他高兴。谁知，一个月后，来参加聚会的小马又显得无精打采，原来他很不喜欢自己的顶头上司，觉得来到这家公司，真的是倒霉死了。

小倩希望实习完留在大城市，但实习公司觉得她和其他人比，条件着实差了一些。公司里的几位大姐看到她很努力，都帮她和人事讲，结果小倩如愿以偿，成为一名正式员工。她也着实高兴了几天，但两个月后，当发现别人的薪水都比自己高时，她的心又失落了，她开始要求加薪，工作也不好好做，帮过她的大姐们都茫然了。

小马和小倩都需要从自我的里面走出来，要多想“我称职吗?”，从“别人都来照顾我”的模式，变成“我要去适应公司”的模式。与老板相处，要学会服从，实在有不同意见，要学习智慧表达，委婉提出。倘若老板坚持，那就服从，因为他是老板，后果理应由老板来承担。

在任何地方上班，都要学习融入环境，在品格上成长。公司已然为你提供了岗位，就当在感恩中踏实工作。当然，踏实工作与寻找新的工作机会并不矛盾，但将来是在负气中“出走”，还是在感恩中离开，实在是对我们人品的一种考验。

如果你和小马、小倩谈感恩，他们都会为自己抱屈的，他们甚至认为自己已经很感恩了!

“我真的感恩公司，但我很气老板”，“我当然感谢那些大姐，但我气这家公司”。或许他们曾经为着“终于找到工作”“能留在公司”而感恩过一次，但是遇到下一个困难，他们忘了凡事都往好处想，换句话说，他们无法持续感恩，没有感恩的心。

感恩，指一次或几次的行为表现，而感恩的心，是指一个人具有固定的表现模式，每一次的思想、反应、行为……都是感恩的，也就是说，在生命公式的每个环节，都是感恩：

价值观——思想——反应——行为——习惯——性格——生命

一两次的感恩，会帮助人带出正面想法，产生好的结果，但只有当一个人，无论在何等境况都感恩以待，才称得上拥有一颗感恩的心。这当然也包括，遇到困难之时的态度。

困难可能是指疾病（如霍金）、痛苦（如失恋），也可能是指挫折和失败，或许就是使你觉得不舒服、不容易的环境。俗话说，塞翁失马，焉知非福?很多境况，看起来艰难，似乎对人近乎是一种“诅咒”，但只要我们豁达以待，感恩回报，都可能将之转化成“化妆的祝福”。乔布斯为着被自己的公司解雇而感恩，他后来说那是最好的事情；布拉德为妥瑞氏症而感恩，他说妥瑞氏症成为他最好的老师。这些都颠覆了我们一贯的思想，但这些活生生的例证，却都是生命经过历练而得来的智慧。感恩的心，不只为着顺境，也为着逆境!

感恩：为你的一切而感恩，无论顺境或逆境。

3. 感恩的回报

若是你还没有认识到感恩会带来的福报，就一起看看下面的故事。

A　感恩赶走郁闷

唐唐这半年总是高兴不起来，她说也没什么特别的事，家里也都还好，可心里就是觉得“郁闷”。她向生活导师蔡老师求教，蔡老师鼓励她凡事都往好处想，让她一个月内，每天思考三件值得感恩的事，并写下来寄给老师。一个月后，唐唐快乐起来了，还决定集中注意力考取行业执照。蔡老师告诉她，“感恩一个月”，是最快的一种帮助人快乐起来的方式，并且建议她要继续这样做下去，直到拥有一颗感恩的心。请问，你愿意也试着“感恩一个月”吗?

B　感恩带来惊喜

天刚亮的时候，筋疲力尽的两名消防员，在扑灭仓库大火后，走进了一家小餐厅，点了两杯咖啡。结账的时候，他们收到的不是账单，而是服务员莉子的小纸条："咖啡我来请。感谢你们为整个社区的服务。在别人拼命逃走的时候，你们义无反顾地冲了进去……谢谢！"

两位消防员被深深感动了，他们将这张特别账单上传到网站上。一时间，莉子的故事在当地就传开了。没多久，消防员们发现，这位善良姑娘的父亲长年瘫痪在家。几位消防员一合计，就设立了一个募捐网页，在网上为她爸爸筹款，想买一辆带轮椅升降机的车给她的父亲。本来只想筹17000美元。结果，数字一天天往上升，最终竟然募集到6万美元。

莉子说，当她为消防员付咖啡钱时，只是想表达一下感谢，完全没想到事情会发展成这样。感恩就是有着这么大的"魔力"和"魅力"，莉子家里也不富裕，但她有颗感恩的心，用咖啡向消防员表达谢意。消防员又以爱回报，发起了募款，而莉子的故事又感动了无数慷慨的网民。看来感恩的举动，常为我们带来惊喜，因为爱一旦开始流动，就注定会带来惊喜和感动。

C　感恩吸引幸福

视频：当流浪汉分享后……

链接：http：//v. youku. com/v_ show/id_ XMTYwODUzNjQ0MA = =. html? from = s1. 8 - 1 - 1. 2&spm = 0. 0. 0. 0. AAG2zs

你从此视频得到哪些启发？当我们都觉得自己是那个最缺乏之人时，是完全想不到别人，也根本无法分享的。这个视频正是体现了那条生命规律，有给人的，就有给他的，生命的丰富不是攫取而是给予。当这位流浪汉接受了别人的比萨饼，又愿意慷慨分享后，他得到更多的捐赠，他不禁感动地哭了。看来只想"抓住"，其实什么也抓不到，倘若愿意"放手"，人就经历祝福。他不需要和别人去争祝福，他的生命"吸引"幸福亲自来敲门。"穷人变富"四步法：

√　第一步，因贫困接受馈赠；

√　第二步，好好干能够自立；

√　第三步，凭爱心撒种捐赠；

√　第四步，感恩中更加富足。

现实生活中，那些被给予资助的贫困人，在自己条件好转后，若肯慷慨给予，往往后来都经历了更大的祝福。很多人多停留在第二阶段，若是让自己的生命有个扩展，再次地给出去，就会经历更加富足，这是生命的规律，因为分享和感恩吸引幸福来敲你的门。

感恩：向恩人穷人社会捐赠，善用金钱和物质。

4. 感恩是职场与人生的必胜法则

√　对帮助过我们的人，用话语、卡片、金钱、行动等来表达谢意；

√　为所拥有的一切，生发出一种感激之情，有满足感，能自我激励；

√　对父母、对他人、对社会，怀有善良、豁达、慷慨之心；

√　在一切患难、挣扎中，看到希望，抓住正面，积极上进。

三、失败的领悟

感恩的人，总是能找到正面向上的意义，他们善良、乐观、慷慨、豁达、喜乐。感恩的人，常遇见惊喜，感恩的心带来欢乐，感恩的行动吸引幸福来敲门。无论环境如何，他们笑看苦难，不忘梦想，他们也不怕失败，永不停止前进的脚步。

很多人都承认，为祝福而感恩容易，但谁能为失败而感恩呢？安迪在生前把茹比游乐园视为困住自己一生的地方，没有喜乐，认为一生都白活了，但那里原本却是上天赐给他的“天堂”和“乐园”。不得不承认，当人活在抱怨和失败的感受中时，是看不到所拥有之幸福的。而感恩的心却帮助人清醒地活着，也使人有力量，充满喜乐地活着。

每个人都有记忆力和梦想力，当你只关注回忆时，往往疏忽了未来。而当你被过去失败的记忆所“抓住时”，你不仅会忘记你还有美好的未来，更可怕的是，你只会把昨天带到今天，把今天的幸福也毁掉。既然感恩能带来惊喜，不如我们一起在感恩中重审失败，重塑未来。

1. 人生的拆迁工程

链接：http：//www. iqiyi. com/v_ 19rrnwug44. html#vfrm =2 –3 –0 –1

黄国伦在演讲《人生的拆迁工程》时，谈到他对失败的领悟：

1994 年，我写出《我愿意》之后，又陆续写出了《男人不该让女人流泪》、张学友的《雪狼湖》等冠军歌曲。我开始走红了，1996 年同时有 8 家唱片公司要签我出唱片，但那时候的我有更高的理想，我呕心沥血做了一张专辑《天使》，结果曲高和寡，乏人问津。很快地，唱片公司就跟我解约。我从云端突然跌到谷底，1996 年到 2006 年，我经历了十年生命中最痛苦的日子。我的音乐梦碎、婚姻破裂、公司倒闭、事业垮台，我债台高筑，欠了几百万元，甚至我的心脏被检验出有严重的问题。有一次我开车到海边，我觉得真的走不下去，我对着上天呐喊说：为什么要遗弃我?！许多的夜里我辗转反侧，我觉得我的人生再也没有翻身的机会了。存在主义大师加缪曾经说过一句话：人生是一场永无止境的失败，但人生真的是这样吗？

2005 年，从瑞典来了一个非常著名的歌手，叫琳恩·玛莲，她把《我愿意》翻成英文，有段歌词是这样写的：我知道你在痛苦，但你不要再逃避隐藏你自己，一切都会雨过天晴的，你所有失去的一切都会再回来的。凭着这首歌，我一夕爆红。到了 2008 年，我手上同时有 6 个节目在主持，到了 2009 年乃馨下嫁给我，我开始经历我从未有的幸福人生。我从一个落魄的音乐人，突然变成一个电视人、主持人、选秀评委，一名演说家。

多年后，我终于领悟，这是拆迁，要把旧的房子拆掉，会盖上新的房子，原来我在进行我十年的人生拆迁工程。这个失败的过程拆掉的是我的旧脾气，我的坏个性，我的老自己，还有我的旧思想。我的旧人生被拆掉了，因为我要有一个新的人生。如果你有信心，你可以从另外一个角度来看人生的失败，其实你在开始迎接一个新的未来。当然，这个拆迁过程很痛苦。但我的领悟是，不要拒绝拆迁，不要让这个拆迁停下来，把它拆掉吧，因为有一个璀璨全新的人生在等着你，我要告诉你，拆过后重建，你将行情看涨，你将不同凡响。

2. 思考讨论

√ 黄国伦认为失败是为了迎接一个新的未来，你怎么看？

√ 结合你失败的经验，请总结失败有哪些后果？

√ 当时带给你什么样的感受？你现在有什么新的领悟？

√ 这些失败，可以拆毁你的哪些旧脾气、坏个性？

3. 失败的九条领悟

提到失败，人们多数会和羞耻、没希望、损失、丢面子等连在一起，但黄国伦却认为，没有失败就没有未来的成功。他的话提醒我们，是时候了，该用感恩的心来重新审视过往的失败，让其带给我们新的启示。

A　不怕失败：害怕是没用的，况且失败能带来新未来。

B　能听的耳

其实生活对我们并非那么苛刻，每个人的周围都有“天使”存在。芳芳最近的感悟是，当初若是听进去董姐的提醒，车子就不会报废了！若芳芳经历“失败”后，耳朵“打开”了，那也可以说，这个“学费”交的还是值得的。能听进去别人意见的人，会少走很多弯路。

C　提升智慧

人往往把注意力关注于“失去”，失败的我，失去了工作、金钱、女友、面子……心烦意乱的我们，似乎忘了思考“败在哪里”？若我们冷静下来，意识到败在不熟练、没经验、骄傲、没耐心、发脾气时，往往就会生发出一种智慧，想“重新开始”。若想职场必胜，就要下定决心：不白白受苦，也不陷入悲观，每次都要从失败中，学到宝贵的经验教训，提升智慧。

D　打破“魔咒”

一次跌倒没关系，但为何会反复跌倒呢？因为人的习惯没改变，错误的模式会导致人反复地失误。若你去观察成功人士，他们都力争同样的错不犯第二次。例如，做客服人员，这次不小心激怒了顾客，争取不激怒下一个顾客。不巧又说错话了，第三个客人一定要说好。其实做哪行都该这样，没有哪个人生出来就是个“注定会失败的人”，感恩的心助人打破失败魔咒。

E　相信自己

马云年轻时曾去肯德基应聘，同去的25人唯独他没被录用，他说虽有沮丧但绝不放弃。2016年9月2日，百胜餐饮集团分拆出百胜中国，分拆后的百胜中国，拥有肯德基、必胜客和塔可钟这三大品牌的独家经营权，马云阿里巴巴旗下的蚂蚁金服向百胜中国投资5000万美元。换句话说，马云30年后，把肯德基给“买”了。当别人拒绝你时，你相信自己吗？

F　情绪平稳

丁丁又和同事发脾气了，但这次，他没有气得跑回家，而是坚持开完会。以前他发完脾气，就想放弃、逃跑。他也常常一早起来，什么也不想干。渐渐地，他从失败中总结出一个心得：无论情绪如何“翻滚”，出现在该出现的地方。丁丁成长了，他的情绪健康平稳下来。

G　调整方向：有的失败也是一种“保护”，保护我们没有在错误的方向上继续“奔驰”。

H　永不放弃

最成功的人往往经历过最多的失败。J. K. 罗琳的《哈利·波特》被出版商拒绝了十二次才最终出版。乔丹在高中时，曾被校篮球队刷了下来。请记得成功的第一要素：永不放弃。

I　磨塑品格

黄国伦说失败是为了拆掉旧脾气，旧工程，因为旧的无法承载幸福和未来。所以，失败带给人的，不能仅在于损失，它的真实“使命”是拆掉旧生命，磨塑出好品格，使人有更好的职业发展。因此，感恩的人，不仅不怕失败，而且积极配合，努力拆掉旧的脾气、秉性，换之以谦和、能听、勤奋……每次遇到失败，我们都该反问自己：这次的生命功课是什么呢？

四、坚毅忍耐

失败的九个领悟，让人看到失败的发生，不能打倒真正的强者，若是心存感恩，能够坚持不放弃，这些失败还会促成未来新的成功。黄国伦“十年磨一剑”，他从失败中站起来，收获了爱情和新的事业。由此看来，若想职场必胜，人需要具有坚忍的品格。

坚忍，有意志坚强的内涵，也指一个人对长期目标的持续激情及持久耐力。坚毅忍耐的人，有长期目标，他们保持激情，不怕失败，屡败屡战。

1. 盲女董丽娜

视频：别把梦想逼上绝路

链接：http：//v. youku. com/v_ show/id_ XMTUzMzA4OTUzMg = =. html

盲女董丽娜的自述：我记得刚上盲校的时候，才不满十岁，老师就天天告诉我们说：“你们一定要好好学习推拿，因为这将是你们以后唯一的出路。”我真的不明白，人生怎么刚开始就看到结局了呢？我为什么不能像其他人一样选择自己的生活呢？2006 年的一天，一个偶然的机会，我在网上得知北京的一家公益机构，可以帮助盲人学习播音主持，哎呀，我特别兴奋，就像抓住了一根救命稻草一样，我放弃了当时的工作，告诉自己我一定要有一个新的开始。

我爱上了播音，拼命地练习，每天除了睡觉所有的时间都在摸盲文，练习每个字的发音。虽然累，但是我觉得很幸福，因为终于看到了希望，找到了我最想要的东西。后来我参加了一个朗诵比赛，作为唯一的一名盲人选手，我得了二等奖。有一位评委找到我说，“我是敬一丹，你想去中央人民广播电台吗？”天呐，中央人民广播电台，那是所有播音人心中的梦想！一个我特别记忆犹新的冬天的清晨，一丹老师拉着我的手，走进了中央人民广播电台的广播间。我坐到了电台的话筒前，又完成了我生命中的又一个第一次，这一次，全世界都听到了我的声音。

不懂事的时候，我也抱怨过命运的不公平，但我现在不这么认为，我觉得不管命运如何，都不会把你逼上绝路。如果我真的能够看得见的话，可能就不会像现在这样去寻找一种不一样的人生。所以，不要把自己的梦想逼上绝路，要相信你的潜能比你想象中更强大。

盲女董丽娜没有放弃自己，她抓住了播音这个梦寐以求的职业，并为此努力坚持着。她的坚忍在提醒人：或许我们都放弃得太快了。若你想胜任职场，请思考下面的坚忍五要素。

2. 坚忍五要素

A　目标明确

马新是财会专业，她很想考取会计资格证，但第一次考试失败了。她哭了鼻子，但反思后她镇定下来。她借来一张别人考取的资格证，挂在墙上，每天看着墙上的证书说：“我一定会考取你！”同时，她虚心向那些考过的朋友请教，为自己制订了一个每天学习两小时的计划。半年后，她如愿以偿地拿到了会计资格证。

目标清晰明确，使马新注意力集中，加上具体详细的执行方案，使马新每一天做一点，积少成多，在不知不觉中，她就达成了目标。若想成为一个无惧失败，坚毅忍耐的人，我们需要训练自己成为一个会设立目标，并且可以长时间忍耐完成执行方案的人。

坚忍：设立目标，坚持执行。

B　智慧反应

一个人的反应会导致相应的行为，而反应是由他的思想决定的。你注意到了吗？人的思想常常在“争战”。

安娜毕业后在一家机构实习，学会了使用几种财务软件。实习结束后进入一家塑料厂做会计，看到厂里所用的财务软件是实习期学过的，她很自信。谁知第一个月做账，就差了30万元，她吓得满头大汗，老板也急坏了，责令她一个月内必须查出来。安娜思想常常争战，但她加班加点，不停地查账，就这样坚持了3个礼拜后，终于找到了原因。她事后总结说只要肯干，坚持不放弃，错误都还是可以挽回的。

面对困难和压力，思想的取舍是很关键的。有时思想里一半是正面积极的，另一半是负面放弃的。人是否尽责，一个是看她平时是否严谨认真，另一个就是看她出了错误后，是否在尽量挽回。安娜的反应是智慧的，因她总是选择坚持。没人一出生就擅长什么，只有努力才能培养出技能。人今天所收割的，都是过去耕种的。很多人失败了就停下来，其实只要今天继续撒下好的“种子”，例如“坚忍”“勤奋”“认真”，经过忍耐着结实，就应期盼未来的收割。

坚忍：挽回损失，选择坚持。

C　感恩的心

电影《灵魂冲浪》，由真人真事改编而成，描述了女孩贝瑟尼·汉密尔顿被虎鲨咬掉一条胳膊之后，重返冲浪赛场，断臂后依然成为冲浪冠军的故事。当她遇袭醒来后，没有怪朋友的父亲，反而谢谢他救了自己，她真的是有一颗感恩的心。而感恩正是贝瑟尼之所以可以在经历人生巨变后，依然坚持下来的重要原因，影片中有一幕记者采访她的情景：

记者1：贝瑟尼，我是《环球冲浪》杂志记者，你今天没夺冠失望吗？

贝瑟尼：我为冲浪而来，不仅是为了夺冠。

记者2：如果你能选择，那天不去冲浪（遇见虎鲨），一切会是怎样？

贝瑟尼：我并不能改变我的遭遇，因为那样一来，我就没机会站在你们面前，如今我一只胳膊所拥抱的人，比两只胳膊都要多。

思想的“争战”每一天都在考验人，而感恩的心，会使选择变得轻松自然，帮助人向前。

坚忍：感恩的心，生发动力。

D　梦想力量

贝瑟尼一直把冲浪作为自己的梦想，她说，我生来就为了冲浪，这是我每天清晨醒来的原因，也是我忍受腹部皮疹，礁石划伤的原因。失去一条手臂后，贝瑟尼说，生活也很像冲浪，当你被困住的时候，你要立刻爬起来，因为说不定下个浪，就是那绝好的机会。

贝瑟尼面对伤残能够坚持夺冠，因为冲浪是她的梦想。因她怀有这个梦想，在遭遇极难后，她依然能够踏上人生的风浪，百折不挠。《叫我第一名》中的布拉德和《我是演说家》中的盲女董丽娜，也都寻得了自己的梦想，他们不惧缺陷和挑战，都获得了梦寐以求的职业。一个做了老师，一个成为电台播音员。这就是梦想的力量，在职业生涯中，若想坚忍不放弃，需要成为有远景，有梦想的人。因为在忍耐中，梦想会在人的内心搅动，激励人坚忍不放弃。

坚忍：心中有梦，不离不弃。

E　永不放弃

小黄想尝试当营销员，他觉得自己成绩不好，口才不好，简历上也没优势。他看到一家单位的招聘广告，要求挺低，就连忙记下信息去应聘。

接待的小姐很热情，叫他到人事部找何经理。何经理看了简历后，让他三天后再来。三天后，本以为是到公司报到，可何经理出外办事了。等了一天后，何经理的秘书嘱咐他次日再来。次日找到何经理，但他写了张纸条叫去找刘副总。而刘副总也忙，又叫他去找黄主任。黄主任说好像人已聘满，不过明天再来看看吧。

一连跑了几天，小黄觉得自己像个皮球。但每次想放弃时，他又决定再努力一次。这一次，黄主任表现得似乎很理解这些刚毕业的学生，他让小黄到营销部看看。营销部经理称，他们是缺少一名业务员，但要人事部决定。这样一来，又要去见何经理，但何经理称他要出差一周，小黄一听就急了，但忍了下来。一周后，小黄第六次来到公司。没想到，刚进门，何经理就微笑着说："小伙子，你被录取了！"原来这个推来推去的过程是一场求职考试。

何经理事后告诉小黄，许多求职者往往一次碰壁后就放弃了。其实，小黄的口才并不是很好，简历也一般，但他有毅力和恒心。凭着他的用心和耐心，一年后他便升为营销部副经理。他的心得是，无论做什么，除了有耐心、有诚意，还要有一颗永不放弃的心。

如果有人拿着下面这个履历表的前半部分来找你面试，你愿意给他一个机会吗？

√　艰辛的童年和一年不到的正式教育

√　1831 年经商失败

√　1832 年竞选议员失败

√　1833 年经商再度失败

√　1834 年当选议员

√　1835 年未婚妻去世

√　1838 年竞选议长失败

√　1840 年竞选选举委员失败

√　1842 年结婚，一生有四个孩子，但只有一个活过 18 岁

√　1843 年竞选国会议员失败

√　1846 年当选国会议员

√　1848 年竞选国会议员失败

√　1855 年竞选参议员失败

√　1856 年竞选副总统失败

√　1858 年竞选参议员失败

√　1860 年当选总统

这是美国第 16 任总统——亚伯拉罕·林肯的一些经历。这个废除了奴隶制度，颁布了《解放黑人奴隶宣言》的人，在 2008 年英国《泰晤士报》组织专家委员会对 43 位美国总统进行"最伟大总统"的排名中，名列第一。伟大的人之所以伟大，不是在于他们曾经历了什么，而是在于他们经历了这些后，仍然没有放弃！所以，我们口号不是"屡战屡败"，而是"屡败屡战"。

坚忍：屡败屡战，永不放弃。

五、情景时间

1. 感恩的心

1.1 凡事都往好处想

以下是几人的话：

乔敏：虽然我的爸爸在我很小的时候就去世了，但我感恩有一位爱我的妈妈。

韩伟：这次面试没有通过，不过我学到下次怎样和人事询问薪资的技巧了。

李汉：今天又和女友吵架了，值得感恩的是，这次她没有提出分手。

请你也思考自己现在的情况，列出令你烦心的两件事，并试着找出其中正面的含义：

____

____

1.2 感恩三件事

回想你一生中需要感恩的人或事，总结出三条，彼此分享。或许你也需要宽恕一些人，他们曾有恩于你，但也说了伤人的话、做了令你伤心的事（学习“只记得别人对我的好”）；并且付诸感恩行动，例如，向人致谢、提供爱心服务、对穷人捐赠等，学习做慷慨之人。

____

____

____

1.3 感恩一个月，每天三件事。

2. 坚忍五要素之目标明确

使用SMART原则，设立一个目标，持续一段时间完成它。并设计出相应的执行方案，落实在你的时间表里。（参考图书《走适合自己的路——智慧生涯规划》，234~239页）

供选择的计划/目标：

2.1. 金钱管理：每周记账，连续三个月；

2.2. 感恩的心：每天感恩三件事，做一个月；

2.3. 考取证书：以半年或一年为约定；

2.4. 锻炼身体：每周运动三次，一次半小时；

2.5. 提高英语：每天背两个单词，坚持两年；

2.6. 自我鼓励：每天早上鼓励自己，一个月。

2.7. ________：________________

3. 情景讨论：失败的领悟

3.1. 请你根据失败的九条领悟，结合问题A、B、C，分析下述场景：

A　错误的价值观是什么？　B　失败的正向领悟是什么？　C　你可以怎样帮助他/她？

3.1.1　小陶去爸爸好友孟伯的公司打工，结果和部门经理吵了起来。辞职回家的小陶被爸爸狠狠地训了一顿："……每次你都把给你的好机会搞砸了！"小陶就只记住了爸爸最后这句话。之后，无论去哪家公司上班，他都觉得自己可能会把好机会搞砸了。

3.1.2　文军高中成绩不错，但是高考期间生病，发挥失常，只考上大专。从此他拒绝参加同学会，不想说话，觉得自己没价值。进入大专后，原本立定心志想专升本的他，发现自己上课听不懂，就更加消沉了。从此之后，他觉得自己注定是个失败者。

3.1.3　小芳是在妈妈年龄很大的时候才怀孕生下的，当时妈妈很纠结是否要这个孩子。不知为什么，小芳从小就觉得自己会给别人带来很多麻烦。她做事总是小心翼翼，却发现自己总是做错，不是说错话，就是事情做得让人不满意，她总是道歉，总在自责。

3.1.4　每次组长和文洁说项目细节，文洁都不耐烦，直说"知道了"。结果这次文洁做出来的，完全是错误的方向。大家都不想理她，因为她的失误，全组的进度都落后了。文洁清楚是组长交代任务时，自己没专心听。可是她很伤心，觉得大家都拒绝她、欺负她。

3.1.5　张晓总觉得自己是做大事的人，每次你问他怎样完成老板的任务，他都说没问题，到时候一定准时交报告。但是每次到日期了，他都无法交工。若是你把他问急了，他会告诉你，现在交代给他的任务有多么枯燥，每一天上班有多么无趣。总之，他就是不想改变。

3.1.6　某客户找到张强所在的公司，投诉他做客服时说大话，所承诺的服务没有到位。当人事和张强谈到此事时，张强大怒。他认为公司不支持他，并对扣钱的处分不理解，因此决定辞职。

3.1.7　莫凡大学成绩优异，毕业后找到年薪很高的工作，但她最近一度很消沉。因为家人在生病，还听说所尊敬的老师在被人排挤，最令她无法忍受的是，别人的项目比她做得好。

3.2. 你的生活经历中，有哪些失败，当你忍耐着继续往下走时，最后反而成为你的经验？

六、本章小结

能否感恩，与你所处的环境是不相关的。感恩的人，凡事都往好处想；感恩的心，为着顺境，也为着逆境；感恩将人的心从受挫、伤感、自怜和郁闷中带出，开始追逐梦想；感恩的行动传递爱，为这个社会带来很多的正能量。正如耶鲁大学英语教授威廉·里昂·菲尔普斯曾经写下的："感恩带来幸福，给予越多，得到的就越多。"

通常人都不想遭遇失败，因为失败总会伴随着失去（机会、面子、金钱等）。但你有没有想过，人可以从失败得到什么？黄国伦把别人看为失败的十年，喻为人生拆迁过程。旧的被拆除了，他迎来了不同凡响的新成功。看来，我们需要从失败得回些什么，诸如智慧增加、品格提升、习惯改变、情绪平稳等。若是失败能带给人这么多的领悟，我们真的不需要再害怕失败了，此刻也该做个决定，放弃该放弃的，如坏脾气、旧思想，坚持美好的，如感恩、分享和努力。

放弃梦想和放弃努力的人，终将一事无成，是职业发展的大忌。你都还没有真正努力过，怎么知道自己不行？感恩和坚忍，是帮助人不放弃的两个工具。职业人可以从坚忍五要素开始，学习设立目标，操练智慧反应，时时感恩，拥抱梦想，立志永不放弃。坚忍之人有长期目标，保持激情，他们不怕失败，屡败屡战。知道感恩，又能坚忍之人，必定能做到职场必胜。

本章的五个要点：

√ 人能否感恩，与所处的环境是不相关的。感恩的心，是时时处处为一切而感恩；

√ 感恩赶走郁闷、带来惊喜，吸引幸福来敲你的门，感恩将爱流动起来，并传递出去；

√ "由穷变富"四步法，道出了生命的规律，有给人的，就有给他的；

√ 失败的九条领悟，使人重审失败，重塑未来；

√ 坚忍的五个要素，帮助人在逆境中生存，在职场中屡败屡战，直至成功。

七、行动时间

–我的笔记与心得–

请从感恩、坚忍的定义或失败的领悟中，选出两个，作为你下一阶段的成长目标：

正直守法不贪婪

一、短片讨论

1. 大学生借贷

贵阳一位大学生秦某，利用同学的身份证做网络贷款，致使28名同学负债近百万元。

链接：http：//tv. sohu. com/20161107/n472466002. shtml? lcode = AAAAS1Qg8ltT_ Xr6afgv56 LtCzoj YTWkAvGrI5 - 4pgaSeIhb1ejJnF3D0qvTOQLc9ce4o1LJJKEab2qm_ AQcSTsJ9BdJWO5YlMvDS4 LPlkLq EVXdnea&lqd = 17965

小讨论：1.1　你若是秦某的同学，现在会怎么想？

1.2　你去拿贷款之前，会考虑自己的偿还能力吗？

1.3　为何有同学借网贷，开始只是想借2000元，后来反而越借越多？

2. 抢月饼风波

链接：http：//v. youku. com/v_ show/id_ XMTczMTUyNDQyOA = =. html? from = s1. 8 - 1 - 1. 2&spm = a2h0k. 8191407. 0. 0#paction

2016年中秋前夕，阿里巴巴有四名员工因为“价值观”被开除了。起因是阿里每年中秋都会为员工准备月饼，由于今年的月饼格外受人喜爱，公司决定在内网做了一个页面，把多出来的月饼供员工抢购。据其中一位被开除的员工自述，他只是写了一个JS（一个抢月饼的软件，类似12306抢票软件），本来仅想抢购一盒月饼，没想到页面始终在下单，所以一下子抢了16盒，他立刻给行政打电话要求退订。但接下来不到2个小时的时间内，他就被约谈开除了。

“吃瓜群众”纷纷为这4名员工鸣不平：

@××××　这不是人品问题，这是充分发挥技术优势……

@××××　就算自行编程抢了，当事人也主动找行政道歉了，何况并不是白拿而是花钱的！

@××××　把内部网站维护好，将异常数据清理掉重算，才是正事吧？

以下为阿里巴巴对此事的回应（摘抄）：

今天，阿里“内网秒杀月饼事件”受到了大家的关注。中秋节为员工家人准备月饼是阿里的传统……在月饼内销过程中，公司发现四位安全小二采用技术手段作弊，共计多刷了124盒月饼。经过与几位小二的坦诚沟通，公司忍痛作出了请他们离开公司的决定。小二的出发点是多买几盒月饼送给家人，但对其他员工造成了福利分配的不公正，更重要的是，安全部小二作为平台规则的捍卫者，使用工具作弊触及了诚信红线。今天这个引起争议的决定，让我们再次提醒自己和每个员工，游戏都有规则，偶然总有必然，万事都有底线。

小讨论：请问，你怎么看待这件事？

二、正直是底线

阿里巴巴的某些员工，觉得编个程序，“抢”盒月饼纯属小事。那些借给秦某身份证的同学，或许也觉得这根本就不是个问题。但为什么正是这些看似概念模糊的“小事”，后来都导致了严重的后果呢？因为游戏都有规则，偶然意味着必然，万事都有底线，而正直守法正是职场人士必须持守的底线。

1. 欺人者自欺

二战期间，很多国家都设置了各自的训练营。某国的训练营有次组织了一场越野赛，目的是选拔人才，执行一项重要任务。士兵卡尔身材十分瘦小，这次的越野赛使他感到体力不支，但是他时刻都在心中告诉自己：“绝对不可以放弃，必须坚持下去。”就在卡尔感到体力越来越差的时候，他的面前出现了一个岔路口。一条路，标明是军官跑的；另一条路，标明是士兵跑的。他停顿了一下，虽然对做军官连越野赛都有便宜可占而感到不满，但他仍然坚定地朝着士兵的小径跑去。没想到很快就到达终点，而且名列第一。

他感到不可思议，自己从来没有取得过50名以内的成绩。几个钟头后，他问颁奖的将军，其他的士兵在哪里？将军说：“他们应该在军官的跑道，不知道天黑之前能不能到呢！”原来，那个指示标是为了考验士兵们的诚实度。结果，卡尔以其绝对的诚信赢得了比赛，同时也获得了执行那项重要任务的机会。看来，在岔路口的诚实守信，是卡尔取胜的关键。

职场中也有很多的“岔路口”，面对弄虚作假的同事，吃喝成风的环境，你要如何选择？偷奸耍滑或许可以赢得一时的风光，但诚信真实的人，只做好自己，不欺骗自己。只有这样的人，才不会输了生活。我们应当确信，诚信正直是一条至关重要的职场必胜法则。

正直：诚信真实，不投机取巧。

2. 内心有原则

唐某是名工程师，在业界小有名气。2004 年唐某离开原公司，准备进入一家实力更雄厚的新公司工作。由于新公司与原公司业务相关，新公司的经理面试他时，要求他透露一些他在原公司开发项目的情况。唐某马上回绝了这个要求，理由很简单：“尽管我离开了原来的公司，但我没权利背叛它，现在和以后都是如此。”第一次面试就这样不欢而散，朋友听了他的陈述，都说他傻。但出乎众人意料，唐某收到了录用通知书，上面写着：“你被录用了，因为你的能力与才干，还有我们最需要的——维护公司的利益。”

本来责怪唐某太傻的朋友们，反而都“傻眼”了。其实唐某并非真傻，他是内心有原则。他识大体，没有只想到自己的利益，而是维护了公司的利益，在谋求职业发展的关键时刻，他没有放弃原则，遵守了保密及同业禁止协议，这反而成就了他的事业。

正直：遵守规矩，不自私自利。

3. 温情的一幕

我们再来看看另外两场比赛。

在西班牙举行的一场自行车赛上，车手伊斯梅尔·埃斯特万，在距离终点只有300米时，他的车不幸爆胎，他只能扛起自行车跑向终点。他身后的竞争对手奥古斯汀·纳瓦罗拒绝超越对手，慢慢地跟在爆胎的埃斯特万身后。后来，埃斯特万想把奖牌送给纳瓦罗，但遭到了婉拒，纳瓦罗表示自己不想在快到终点时，超越一个爆胎的对手，他认为这样是不道德的。

另一场是2016年11月19日在中国进行的CBA篮球赛，由上海哔哩哔哩队对阵辽宁队。比赛进行到第二节，上海外援亚布塞莱在一次2+1进攻中，本可以投篮得分，但他突然看到对方球员郭艾伦高高跃起，想阻止他的进攻，却在空中完全失去了平衡。刹那间，他选择放弃投篮，而是抱住了即将摔落的郭艾伦，使他免于摔伤，连在场的裁判都不禁对他竖起了大拇指。赛后郭艾伦也发表微博，表达了对亚布塞莱的感谢，说倘若他没有这么做，后果真的不敢想象。

这样的温情，让人动容。看来人生并非只是为了一点点利益就相互倾轧，比赛的目的也不仅仅限于输赢。人生有时候比的不是冠亚军，而是胸怀和境界！这两场比赛就是在告诫我们，道德和境界比成功更重要。在如今这个浮躁的竞技气氛里，充斥着焦虑与戾气——对球员的不满、对对手的不满、对教练的不满、对裁判的不满，甚至故意撞人、垫脚等。的确，这些恶意动作是能让对手吃点亏，但损失的，是自己的球德，更吃亏的其实是自己。亚布塞莱和奥古斯汀让我们看到了竞技中的温情，很多网友评论，我们之所以如此热爱运动赛事，或许正是因为它那原本单纯的样子吧！

正直：持守品格，不急功近利。

4. 尊重所有权

英国维多利亚女王在白金汉宫里举行盛大招待会，欢迎杰出的德国作曲家——门德尔松来访。在他演奏了署名门德尔松的曲子《伊塔尔兹》后，女王大加赞赏："单凭这一支曲子，就足以证明你是个天才。"谁知，面对如此的盛赞，门德尔松却平静地对女王说："不，陛下，那不是我写的，是我妹妹芬妮亚的作品。"原来芬妮亚也是个音乐造诣极深的音乐家，但当时的音乐作品不能署女人的名字。女王听后，不但没有感到失望，反而对门德尔松更加尊敬了。

时下有的人编造学历，目的是使自己的简历显得诱人；还有的人剽窃他人成果，为了使自己的研究获奖；更有的人造假坑人、网络行骗……但不论是哪一类，太多的新闻曝光教育我们，纸里是包不住火的，隐藏的事都将被显明出来。

门德尔松的故事也告诉我们，真话赢得尊重。不仅在赛场要尊重对手，生活和工作中也要尊重他人的所有权。不拿不属于自己的东西，也不贪图虚名，更不吹嘘作假。在说话上，是，就说是；不是，就说不是，始终保持职业人的操守。无论在生活中，还是在职场上，随时提醒自己，做一个正直有底线的人。

正直：尊重事实，不贪图窃取。

三、贪婪的陷阱

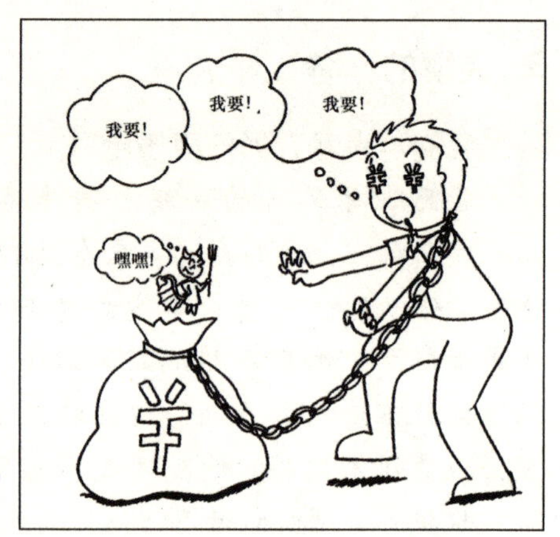

1. 中奖后“引发”的贪婪

43岁的吉莉安曾于3年前和前夫一起中了1.48亿英镑（约合13亿元人民币）的巨奖，欣喜若狂的两人是否从此开始了天仙般的生活了呢？

原本吉莉安和丈夫有个很平常的家。丈夫贝佛德在当地经营一家二手的乐器店，而吉莉安在医院工作。令人感到讽刺的是，贫穷没能撼动的感情，却在富贵降临后发生了变化。中奖之后，两人先是闹出出轨绯闻，随后开始长期分居，领奖仅15个月后两人便正式离婚。离婚后，男方接连爆出花边新闻，前后判若两人。

吉莉安在婚姻结束后，与家人的关系也每况愈下。刚开始，她非常慷慨地帮父母还清负债，还为他们购买公寓。要知道，当时她的父母只能住在大篷车里。可是，认为自己雪中送炭的吉莉安却发现，家人们并没有念自己的好，反而希望从她这里索取更多。弟弟买车找她要钱，开公司找她要钱，父母旅游还是找她要钱。吉莉安感觉自己变成了家人的提款机。更令人无法忍受的是，家人在要钱的同时，贪婪程度一点点地增长起来。拮据了大半辈子的父母，开始拒绝坐经济舱去旅游；弟弟希望她保证，一生要养他。吉莉安称，为了满足家人的欲望，她前后已经花了2000多万英镑（约2亿人民币），换来的却是无尽的索取和情感上的疏远，这太不值了。

她告诉记者，已经一年多没跟家人说话了。自从她离婚之后，家人们虽厌恶她被负面消息缠身，但却非常愿意从她这里获取大把的钞票。他们每次只想要钱，就连自己的孙子孙女都懒得看上一眼。弟弟在捞到钱之后，就不跟她说话了，甚至连结婚都没通知她。吉莉安认为，巨奖让她身边的人都变得贪婪，而自己的生活已经被彩票大奖毁掉了。

2. 思考讨论

A　吉莉安所中的巨奖，是毁掉其生活的主要原因吗？

B　她身边的亲人，是否在中奖之后，才有了贪婪的毛病？

C　你怎样理解贪婪？人心中的贪婪对象，可能有哪些？

3. 贪婪是万恶之源

贪婪，指一种攫取远超过自身需求的欲望，包括金钱、物质财富或肉体满足。也常被称为贪心，就是不知足，多欲而不能被满足的意思，其反义词为知足和满足，等等。

吉莉安认为巨奖毁了她的生活，其实钱是中性的，完全可以作为“善”的工具，例如很多慈善家兴资办学等，所以，钱财也具有祝福家人，造福社会的功用。所以金钱不是万恶之源，贪婪才是。吉莉安的家人，也不是中奖之后才有了贪婪，而是人性中本来就有贪心，只是平常没有机会显露出来而已。看来，贪心才是万恶之源。那么，贪心都表现在哪些方面呢？

A　贪金钱

随着近年来反腐倡廉的推进，成千上万的贪官被检举出来，他们有的是因为利用职权收受贿赂，有的则屈服于自己的恶习（如赌博）而挪用公款，还有的结党营私，为各种目的搜刮钱财……这些人当中，不乏当年的劳模和好干部。看来，金钱的确是块试金石啊！

44 岁的泰国流浪汉瓦拉洛，捡到一个装有 2 万泰铢（约 3850 元人民币）的钱包，交给了当地警局。失主找回钱包后十分感激他，决定聘请他到自己的工厂工作，并为他提供了一间崭新的公寓。事发当晚，瓦拉洛身上只有 9 泰铢（约 1.7 元人民币），无家可归的他在一处地铁站休息。睡眼惺忪的瓦拉洛发现远处一个人掉了钱包，连忙追上去，但那人已经走远了。失主说："当知道捡到钱包的是一位身上只有几个硬币的流浪汉时，我十分惊讶，不禁想，如果是我在身无分文的时候捡到这个钱包，说不定就私吞了。我的工厂需要这样的员工。"瓦拉洛对新生活感到开心："在这个年龄，我的命运居然发生了反转。现在我也能在干净舒适的床上睡觉了。"

"金钱"不仅能试出贪婪，也可显出美好的心灵。那些在风雪中拾到钱包，等候数小时归还主人的清洁工人；那些一身正气，不贪图钱财反被同事排挤的正直官员；还有像瓦拉洛这样虽然贫困，但依然不抢不贪的正直人。他们都在应验那句话，是"金子"总会发光的。

B　贪功名

谭某 2004 年开始创业，2005 年和校友的公司合并后，获得了数家创投公司的青睐，他迅速成为青年创业英雄。很快地，投资者纷纷发现了问题。"他永远把自己的利益放在公司利益之上，"其中一位投资人这样评价他，"只为自己做市场，不为公司做市场。"他无论走到哪里最关注的都是自己的知名度和形象，他到处演讲，宣扬自己所谓的创富成就，但极少推广公司的业务。在宣传中，谭某总是默许媒体夸大事实，融资额从 100 万元轻松吹嘘成 1000 万元，而他自然也就成了融资成功的楷模。投资人大都意识到投错了人，有的和他发生过多次争执，有的则私下表达被骗了。谭某拿投资人的钱去包装自己，甚至还用于其他用途，但就是没有用来做企业。

看来，名誉也是块试金石。门德尔松可以不被盛赞所撼动，创业中的年轻人也要学习，不要在虚名的漩涡中丧失立场。曾有一次，朋友去两次获诺贝尔奖的居里夫人家做客，发现她的女儿在玩她的奖牌，大为诧异！而居里夫人则笑笑回答："我就是想告诉孩子，功名就像玩具一样。"居里夫人本人对功名就看得很淡，有人劝她申请"镭"专利，她断然拒绝了，要知道第一次世界大战前，镭涨到每公克十万美元。不仅如此，她还在一战期间，努力奔走，筹募金钱，购买当时极为昂贵的 X 光机，送上战场，并亲自到前线医院教导医护人员使用方法。许多伤兵因子弹部位的确认而获得新生。她不但把热诚和健康给了大战中受伤的人，又把她的学识经验无偿地贡献给了她的学生和前来求学的学者。爱因斯坦曾这样评价居里夫人："在所有著名人物中，居里夫人是唯一不被荣誉所腐蚀的人。"而就是这样一个不求名誉的人，却名垂青史。

C　权力与美色

有句经典的话这样说，如果你想测试一个人的人品，给他/她权力。看来除了有"中奖之后"的故事，也会有"升官之后"的故事。除了金钱和功名，权力和情欲也随时在试验着人心。

纵观历史，一方面，不乏所谓围绕"功名利禄"的斗争与倾轧，可同时，也处处演绎着基于爱与豁达的感人故事。看来，金钱、地位、功名、权力等等，都是"工具"，落在对的人手里，就成为"正义"的力量，而落在贪腐人手中，就适得其反。其实，谁也不必笑话别人，有句话说："不要随便批评人，你只是还没机会！"看来，没到那个位置上，很难讲我们能否把控住自己。我们现在能做的，就是要充分认识到，贪心才是万恶之源，并学习制止其"泛滥"，以保证当我们进入权柄的位置时，可以持守正直。

必胜法则：去掉贪心，让功名利禄成为"正义"的工具。

4. 贪婪是无底洞

链接：http：//v. youku. com/v_ show/id_ XNTczNjM2MDQ =. html

小讨论：4.1. 短片给你什么启发？

4.2. 贪婪有什么特点？

4.3. 为什么人会有贪心？

4.4. 你想胜过贪婪吗？

5. 不落入陷阱

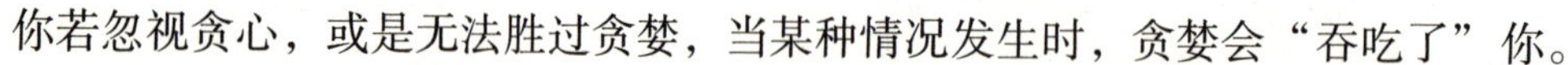

你若忽视贪心，或是无法胜过贪婪，当某种情况发生时，贪婪会“吞吃了”你。

贪婪具有持续性，好像上瘾一样。那些欠下数万元网贷的学生，开始只想借一两千，用完即还。谁知，看到钱竟然来得这么容易，就越借越多，最后利滚利，导致无力偿还。可见，贪心都是从一点点开始的，有时还带着少许好奇，渐渐地，就越贪越多，就像短片中所描述的，陷入贪婪的无底洞，最后把自己也“装”进去。难怪有人说，贪婪是赤裸裸的陷阱。

但人为何会有贪心呢？首先，是因错误的占有欲。但丁认为，贪婪是“过度热衷于寻求金钱上或权力上的优越”，有时，某一事物的积极方面被夸大了，使我们迷惑了。其次，缺乏自制力。例如，羡慕是正常的心理，如果能化成健康的动力，再加上有效的自我约束力，会成就好的结果。但是，错误的羡慕，或是无法约束自己的心，就会导致上瘾性的贪婪。

还有，不懂得界限。很多人常不留意心中那一点点贪心，他们或许会想，拿点办公室的物品回家用，“抢”盒月饼，有什么大不了的？不拿白不拿，但其实已经过线了。每一个被法办的贪官都承认，他们都是从一点点开始的，“第一次伸手”时，良心也过不去，心中也惴惴不安，但是渐渐良心的界限就模糊了，不拿反而觉得“吃亏”，最后变成要想方设法地贪污。

看来，我们要在心中划好界限，做智慧人。因为作为一个自我的管理者，生命的价值并不在乎你掌握了多少财富，而在于你管理和发挥了多少价值。金子既指金钱，也被喻为好品格，所以人们会说，是金子总会发光的。因此，要习练节制、忍耐这些与贪婪相反的性格，去掉错误的占有欲，而最核心的，就是要有正确的价值观。另外，在警戒自己贪心的同时，也要总结防骗秘籍，防范被他人的贪心所骗。总之，做正直守法之人，不落于任何贪婪的陷阱。

短片：四大秘籍远离电信诈骗

链接：http：//v. youku. com/v_ show/id_ XMTYyODA5NDI1Ng = =. html

维基解密创办人阿桑奇，是一个充满争议的传奇人物。他出生于澳大利亚，是一个70后电脑奇才。在他玩电脑的第二年，就成为“黑客”，到处侵入网站，包括美国的“五角大楼”。当年，澳大利亚警方专门成立了专案组，将他逮捕归案，但却惊讶地发现，阿桑奇的所作所为只为好玩，从来没有拿这些资料换取过一分钱！无奈只好罚点款把他放了。但是，由于警方的逮捕，阿桑奇的家破裂了。从此他开始思考人生，发现有时政府只考虑自己的利益，没有考虑人民的利益，因而在2006年成立了维基解密，和一群志同道合的人开始了“解密”之旅。最著名的几例有，曝光肯尼亚政府的腐败和警察的暴行；爆料日本政府隐瞒核电站泄漏；揭发冰岛银行的非法交易；公布美国总统候选人希拉里利用克林顿基金会贪赃枉法，等等。

阿桑奇虽充满争议，但他不贪。有人利用电话和网络从事诈骗，但阿桑奇只是使用互联网揭露不法的阴谋。看来电信和互联网，如同金钱、地位和权利等，也都是工具，重点是谁在使用。

“贪”，是上面一个今，下面一个贝（表示钱），好像只看到眼前的利益，是非常短视的。智慧的人看得远，立定心志，不落入“贪婪的陷阱”。这样的人，有道德信念，必能胜任职场。

必胜法则：节制有界限，不落入贪婪的陷阱。

四、遵纪守法

若想职场必胜，我们需要把自己培育成为一个对的人。这样的人，有好品格，能智慧使用各种“工具”，不仅胜任职场，还可以发挥价值，活出精彩人生。但是，职场如战场，“岔路口”很多，试探也很多，怎样保证自己正直守法呢？让我们看些实例，一起来思考总结。

1. 制度的力量

短片：贵阳1.17亿特大电信诈骗案

链接：http：//v. youku. com/v_ show/id_ XMTU0NjEzNDMzNg = = . html? from = s1. 8 – 1 – 1. 2&spm = a2h0k. 8191407. 0. 0

2015年12月20日，都匀市经济开发区建设局财务主管兼出纳杨某先后接到自称“农业银行法务部人员唐勇”和“上海松江公安分局何群警官”的电话，称其在上海办理的（个人）信用卡存在问题，并传真一份《协查通报》。在了解到她是单位的财务主管后，对方谎称也要清查单位资金账号，要求她按照指示入住酒店，登录到假的“最高人民检察院”网站。看到虚假的“通缉令”后，杨某深信不疑。为了配合“保密”工作，杨某不向上级汇报，也违反会计出纳工作纪律，还向同事要到另一枚资金U盾，下载对方的软件，导致1.17亿元资金被转走。

请问，这次诈骗可以避免吗？答案是肯定的。采访镜头多次照到《财务室工作职责》，若是杨某遵循基本财务制度——会计出纳分责；遵守工作纪律，主动向领导报备动向；把私事与公事分开，个人信用卡有问题，不应牵扯公司账户等，这次的诈骗都不会得逞。杨某及相关领导因涉嫌职务犯罪被依法逮捕。这个案例说明，要严守工作纪律，制度很大程度是在保护人。

很多人觉得规条使自己工作“不方便”，认为制度只是在束缚人。他们喜欢“自由”，不喜欢被约束。冲出道路的汽车，似乎自由了，想往哪里开就往哪里开，但是可能开不快，或是根本寸步难移。道路的设置自有其目的，同样，制度的设立也是长期工作经验的摸索。人若不愿遵守制度，对规则的适应性就差，很可能缺乏合作能力，也不能坚持原则，更有甚者，像杨某一样，还会触犯法律。真正的自由是“想不干什么，就能不干什么”，能随时节制约束自己。

英国将澳洲变成殖民地之后，因为那儿地广人稀，尚未开发，政府就鼓励国民移民到澳洲，可是当时澳洲非常落后，没人愿意去。英国政府就想出一个办法，把罪犯送到澳洲去。雇佣私人船只运送犯人，按照装船人数付费，多运多赚钱。很快政府发现这样做有很大的弊端，因为罪犯的死亡率非常之高，平均超过了10%，最严重的一艘达到了37%。政府官员绞尽脑汁，想降低罪犯运输过程中的死亡率，包括派官员上船监督、限制装船数量等，却都无济于事。最后，他们决定将付款方式变换一下：由根据上船的人数付费改为根据下船的人数付费。新政策一出炉，罪犯死亡率立刻降到了1%左右。有些船主为了提高生存率还在船上配备了医生。

看来，制度也需完善和优化，好的制度可使人的坏念头受到抑制，而坏的制度会让人的好愿望四处碰壁。若想职场必胜，需要认识制度的保护力量，不让自己的欲望大于规则，并致力于完善优化现有制度。

毛毛工作上全力遵守规章制度，但每次总公司的稽核团队来检查，他都有一种不被信任的感觉。但经过几次稽核会议后，他变得欢迎一年两次的审查，原来他发现能从稽核团队学到很多的经验和知识。

除了遵守工作制度，让自己的工作有一定的透明性，愿意被监管，也是职场的必胜法则之一。

守法：遵守制度，配合正常监管。

2. 内心有准则

美国佛州警察格洛弗（Tim Glover）的日常工作之一，是检查该市的闯红灯录影机，并揪出闯红灯的司机。上月他查看照片时，发现一辆警车在左转时闯红灯，于是放大车牌，竟发现是自己的警车，“我的天啊！那是我！”格洛弗想到那天正好去买三明治当午餐，当时并未意识到自己闯红灯，但他决定“告发”自己，被罚款158美元（约1000元人民币）。格洛弗受访时这样说：“我所受的教育就是，如果你做错事，你就要为自己所做的负责，并接受惩罚。”他更开玩笑地说：“那是我买过的最贵的三明治。”

格洛弗不仅“揭发”自己，还多次大义灭亲，向朋友、同事及亲人开出罚单，他的勇气着实令人敬佩。其实他若不说，没有人会知道，因为他自己就是执法者。这也提醒我们，执法者要带头守法，珍惜手中的权力，避免“抢”月饼的现象（本身是网络安全的维护者，类似执法者或监管者）。而且，正是因为有像格洛弗这样的执法者，法大于情，才使社会保持着凛然正气。他们把外面的制度，刻画于内心，是一个不受限于外部制度，而是内心原则的人。

守法：法大于情，内心中有原则。

3. 致命的密码

链接：http：//tv. cntv. cn/video/C10326/184ccb0675844356b773d8f1cc733b79

1997年，23岁的黄宇毕业后进入一家涉密科研所工作。爱慕虚荣、不守规矩，是很多同事对黄宇的印象。由于他能力平平，加上工作态度不端正，五年中他换了三个部门，但业绩始终靠后。按照单位末位淘汰制的规定，2004年黄宇被解职。但是，黄宇对自己被解职心怀不满。他所在的单位承担密码的研发工作，具有高度保密性，他竟然先后向境外间谍机关提供了15万余份资料，其中绝密级90项，机密级292项，秘密级1674项，对我国密码通信安全造成难以估量的损失。通过出卖情报，黄宇获得了大笔间谍经费，总共七十多万美元。最终，黄宇因“间谍罪”被依法判处死刑，剥夺政治权利终身，间谍经费也被没收，黄宇追悔莫及。

黄宇不反思自己的工作态度，为了泄私愤主动联系境外间谍机构泄密，实属无视国法。这个案例提醒我们，一方面，要再次提醒自己的心，界限要划清楚，另一方面，若想守法，要先知法、学法、懂法。不清楚的事宜，要咨询律师或相关法律人员，避免擅自做主，触犯法律。

2005年，陈某进入某酒店工作，双方订有劳动合同。其间，陈某多次叫同事代打考勤卡。酒店以陈某欺骗，严重违反酒店规章制度为由，出具书面通知解除了双方的劳动合同。2009年，因对酒店退工不满，陈某向劳动仲裁委申请仲裁，劳动仲裁为双方恢复劳动关系，并支付拖欠工资9597.7元。酒店不服劳动仲裁的裁决，起诉到法院。法院经审理查明，该酒店《员工手册》规定，上下班叫人代刷工卡或替他人刷卡，属于中度过失情形之一；不诚实及欺骗行为，属于过失情形之一；在未出勤的情况下，领取未出勤的工资，该行为当属不诚实和欺骗行为，构成“严重过失”。该大酒店依据《员工手册》规定解除与陈某的劳动合同，并告知上级公司的工会，无论在程序上，还是在实体处理上都符合法律规定，法院判决支持了该酒店的诉讼请求。

陈某不反思自己的行为，虽然晓得使用仲裁手段保护自己的权利，但终因不了解法律与规条的保护范围而被起诉。若想职场必胜，需要遵守劳动纪律，同时扩大知识面，知法学法。

守法：知法学法，遵守劳动纪律。

4. 你要怎样选

社会上有种不良风气，官员处处为家人捞取利益。

张力升处长了，一方面权力大了，求他办事的人多了，不为家人“捞”些，他觉得对不起家人；但另一方面，那些被判刑的贪官，最常讲的一句话也是，“我对不起国家”“对不起家人”。郁闷之余，张力不知道该怎么选。渐渐地，他想通了，既然都可能“对不起家人”，那不如选择对得起自己的职业操守，做正直清廉的官员。

每种选择都会伴有相应的后果，贪污必定触及法律红线，但若想持守正直清廉，也要面对各种考验：如家人的责问，贪腐同事的排挤，还可能丢了工作，甚至是威胁到生命安全……

年过八旬的退休医生蒋彦永说：“50年的职场生涯，我深深体会到，讲假话、讲空话是最容易的，但我绝不讲假话。”当时的卫生部长面对众多媒体记者说：“北京市只有12例非典，死亡3例。中国的非典已得到有效控制，欢迎到中国来旅游，洽谈生意，我保证大家的安全。”这番话刺激了坐在电视机前的蒋彦永。他开始了解情况，感到此传染病非同一般，决定不再沉默。他将情况写下来，给电视台发了邮件……

选择其实是内心的写照，蒋彦永虽只是一名普通的医务工作者，但他有一颗爱真理的心。

被康熙誉为“几近完人”的清朝官员陈廷敬，为官50多年，奉行“清白做人、清廉做事”。除了编撰《康熙字典》外，有段时间他监督铸钱。一次，在铸币车间，别人给他一枚古钱，本着辟邪之说，他将之放在腰间。某次新币铸好后，一枚小钱滚落，他拾了起来。突然间，他大发感悟，急忙归还两枚钱币，并撰写《二钱说》警戒自己，“千金经手过，不沾两枚钱”。

陈廷敬是为官之榜样，他用一生的时间，把清正廉洁从一种追求活成了习惯和品格。

守法：坚持真理，选择清廉人生。

5. 远离试探

《魔戒》，又名《指环王》，讲述黑魔王索伦，铸造了一枚至尊魔戒，这是一种能统御人类、精灵、矮人的魔法戒指。戒指常是权力的代表，老国王若把戒指传给小国王，通常意味着权力的转移。电影中有一段描述，山姆在护持魔戒时，被叮嘱不要多看魔戒。但每当山姆经不起诱惑，多看几眼后，心中对权力的欲望就会被魔戒勾引出来，变得丧失心智一般。

生活中处处是考验，工作场合也时有试探。箴言说得好，重中之重是看守好你的心，因为一生的效果，是由心里发出来的。而眼睛是心灵的窗户，当我们意识到可能是试探时，最好的方法，就是调转眼目，不再看它。保护好自己的心，表现在远离试探，不给试探任何机会。

两枚铜钱收入囊中在很多人看来是区区小事，但陈廷敬却归还给了国家，他图的是什么？是心安。陈廷敬深受后人敬仰，因为他面对诱惑，能做到心若止水。陈廷敬为官奉行“清白做人，清廉做事”的信条，因此他“千金经手过，不沾两枚钱”。你若想职场必胜，最好在进入工作前，也能像他那样，根据将来的岗位，为自己立下信条，一生约束自己。例如：

√ 学校教师：不收贵重礼物，不以入学、升学为换取利益的筹码；

√ 会计财务：遵守财会制度，不顺手牵“钱”，杜绝假账虚报等手法；

√ 销售人员：合理计价，公平销售，回扣透明，不贪小便宜；

√ 请你根据你的岗位，写下约束信条：________________。

守法：远离试探，保守自己的心。

五、情景时间

1. 请你来评评理

请根据下述三个场景，写出你对此事的意见，你支持谁？为什么？

1.1 某客户找到张强所在的公司，希望见到公司老总，反映张强同事王浩的问题。张强正好路过前台，就和客户攀谈起来，他冒充人事主管，告诉客户人事会处理，就把该客户打发走了。事后他沾沾自喜，告诉王浩自己帮他“摆平了”，提出要王浩请客，王浩拒绝了，张强大怒。

1.2 大勇祖籍农村，小时候由姐姐带大。大学毕业后，他有幸得到了一个实习机会，留在某大城市做销售员。虽然生活打拼很累，但他没有抱怨，还资助了姐姐的女儿婉婉也来到大城市读大学。大勇有时需要陪老板去夜总会，谈业务时，也需要常与客人光顾酒吧。他常常看到有年轻的女孩子，为了解决暂时的困难，来到酒吧或夜总会。说实话，他理解她们，为了生存和家人不得不透支人生。但他同时也觉得遗憾，许多女孩“见过世面”之后就很难再回到以前那个状态了。令他最难过的一天，是他在酒吧陪客户时，看到了端着酒杯的外甥女婉婉。二人就此事发生了激烈的争吵，大勇苦口婆心，逼着婉婉离开，可婉婉觉得这是她谋生的机会，有时一个晚上的小费，就足以维持母亲一年的生活，二人谁也说服不了谁。请问你支持谁？为什么？

1.3 给救火车开罚单

张妈妈有一天上街买菜，看到不远处停了一辆救火车和一辆警车。她的第一反应是，不好，失火了。但仔细观察了周围，她并没发现任何失火的迹象，就凑上前去，想看个究竟。

出乎她的意料，警察正给前面的救火车开罚单。原来，救火车执行完任务在归队途中，因路上实在太堵，就用对讲机和同事抱怨不能准时下班，索性拉响警报让前面的车让路。而他们用对讲机通话的内容，却被警车里的警察听到了，警察当即追上这辆救火车，让其靠边停车。

救火车司机：“我刚执行完任务，现在必须马上归队，你不能对我执法，我在执行公务。”

警察：“对不起，我听到了您刚才和同事用对讲机说的话。您现在并不是在执行公务。拉响警报让前面的车让路，这属于利用公务之便为自己行方便，我必须制止。如果您有什么异议，可以对我投诉。”司机请求警察原谅他的行为。但警察还是开出罚单，然后驾车离去。

请问，你怎么看此事？

2. 我该怎么办

2.1　我说真话了

今天老总找我谈话了，问我们几个实习的，为什么不像之前那样积极？有什么想说的？结果我就实话实说了。我们来实习的有六个同学，分别分给公司的六个同事带我们做事。老总经常跟我们说，除了帮带自己的那个同事做，若其他同事做不完需要帮忙的也要去帮忙，然后我们也这样去做了。但是带我们的人看到我们帮其他同事做事，表示不高兴：我情愿你没事情做就在这里坐着，也不愿看到你帮其他人做事。我们同去实习的六个同学，平时在一起聊天时，都谈到带自己的人都会这样，所以，我们就不再帮其他人做事了，到现在有六个月了。

老总听了我的真话后说，你们又不是带你们人的私有财产，我一会儿叫他们来问话。我一听就傻了，我们六个人都不敢给老总说这些的原因，就是害怕到时候老总找他们谈话，这样一来，带我们的人和我们就有矛盾了。万一实习期结束时，带我们的人报复说我们工作不认真，经常犯错，喜欢乱说话，我实习完也不能留在公司了！请问这种话，我应不应该说给老总听？

2.2　老板叫我下班后去陪酒，四个小伙伴给我出了不同的主意，我都不太同意，你说我该怎么办？

2.2.1　应该坚决回绝：可是我还得在他手下做呀！万一他把我辞退了怎么办？

2.2.2　不如将计就计：我是说不了谎的，也不愿意做这么昧着良心的事。

2.2.3　没什么大不了的：可是我没办法把这个看成小事，我睡不好觉的。

2.2.4　尽量躲着老板：每天工作在一起，怎么躲呀？

2.3　我是总经理的秘书，上次我母亲生病，同事小李帮我顶了几天，要不然的话，老板就要换掉我这个秘书了。这次公司要融资，小李来找我，让我给他透漏一些内幕，我是否该帮他？

2.4　现在提倡万众创新，我这个小业务员也有个梦想，将来要做老板！公司的人脉这么多，我要多积累。对了，这些人脉现在“闲着”太可惜了，我用来帮刚创业的朋友，应该没关系吧？

2.5　我的同乡魏华在外面混得很好，据说开了金融公司，全县的人都知道他，妈妈也总夸他有出息。有一天，魏华的舅公突然来找妈妈，说魏华犯事了，要进监狱十年，现在要找一个“顶雷的”，魏家愿意出50万元。50万元是我一辈子也挣不回来的，妈妈从此衣食无忧了，我该去吗？

2.6　我是会计专业，现在实习三个月了。这些天，我都睡不好觉，总做噩梦。因为每次跟着师姐去做账，对方公司都会先塞给我们一个红包，怎么推都推不掉，然后就会要求我们做假账。

2.7　我好高兴实习完就在北京找到一家公司上班，薪水很高。但最近老板总指示我修改数据，我很挣扎，做假不是我的为人。但我们不用假数据，对手也会用，况且若没有客户，公司就完了。思前想后，我觉得所谓诚信正直的信条根本不适用于生活，我决定不理我心里面的声音了。

3. 秘籍总结

请根据链接，上网观看视频，并整理避免被骗的秘籍，与他人分享。

视频：央行曝光银行卡诈骗

链接：https：//v. qq. com/x/page/h01964e70si. html

六、本章小结

正直守法不贪婪，是职场必胜的第七个大法则，也是一条每个职业人都必须遵循的铁律。职业的健康发展，要求从业人员必须是个遵守行规、诚信正直、尊重事实和持守品格的人。因为职场中有红线，游戏也有规则，偶然总有必然，万事都有底线。

贪婪是灵魂的腐蚀剂，在不知不觉中，因其上瘾性和持续性，能把人一点点“吞吃”掉；贪婪也是职业生涯路上的陷阱，使人丧失理性和立场，从而失去人应有的价值，甚至犯法入狱，自毁前程；贪婪才是万恶之源，而金钱、地位、功名、权力等，其实都是“工具”，落在对的人手里，就成为“正义”的力量，而落在贪腐人手中，就适得其反。这些工具也都是试金石，既能试出贪婪，也能显明正义和美善。一个人若想不落入贪婪的陷阱，就要学习心里有界限、有节制，不被钱财等抓住，不致力于攫取，而做个慷慨给予者。一个人若想职场必胜，就必须认识到人性中的贪婪，并且保守好自己的心，远离试探。

一生的成败，关键在于选择。职业人不仅要遵守工作纪律，同时还必须知法、学法、守法，更重要的是法存于心，内心有原则，并敢于坚持真理，做智慧决定。在这个浮躁喧嚣的社会中，让我们随时提醒自己，不要贪，正直守法是不能跨越的底线。

本章的五个要点：

√ 正直是做事业的底线，体现在诚信真实、遵守规矩、尊重事实和持守品格等；

√ 贪婪是无底洞，也是职业发展路上的陷阱。职业人必须杜绝贪心，有节制、有界限；

√ 金子既指金钱，也喻为人品，可见金钱、权力等是中性的，能发挥出正确的功用；

√ 认识制度的保护性，遵守工作纪律，接受正常监管，使工作具有一定的透明度；

√ 守法的前提是知法学法，遵纪守法需要有颗爱真理的心，心中有原则，远离试探。

七、行动时间

–我的笔记与心得–

请从正直、守法的定义或各个必胜小法则中，选出两个，作为你下一阶段的成长目标：

法则八

高效自律不拖拉

一、短片讨论

1. 高效能人士的七种习惯

链接：http：//v. youku. com/v_ show/id_ XMTczNzQ2NTE2MA = = . html? from = s1. 8 - 1 - 1. 2&spm = a2h0k. 8191407. 0. 0#paction

小讨论：1.1　短片中的保安三问是什么？将其应用于人生的三个问题是什么？

1.2　若今天你参加自己的葬礼，你希望墓志铭上怎样写？你有在为此努力吗？

1.3　高效能人士的七种习惯，你觉得有哪些习惯你需要建立？哪个是最缺乏的？

2. 背景简介

《高效能人士的七种习惯》（*The seven habits of highly effective people*）是史蒂芬·柯维的一本著作。1989年问世至今，总销量超过了1亿册，在全球70个国家，以28种语言发行。

书中提出“全面成功才是真正成功”的新思想。例如，光是事业成功只能算是成功了一半，唯有兼顾事业、家庭、人际关系、个人成长等人生其他层面的圆融和谐，才是真正的成功。又如，不该为他人的想法或喜好而活；人与人之间应该尊重彼此的不同点；人与人相处应是对二人皆有益处的状况，也就是双赢（win-win），而非输赢的关系；应从他人的角度来了解事情原委等等。柯维认为，人是习惯性动物，会受习惯的牵制，然而，只要坚持原则，采取行动，一定能改变成为一个高效能人士，但这是一个循序渐进的过程。他提出的七种习惯为：

（1）积极主动：主动为自己的行为负责，依据原则和价值观（非情绪和环境）来作决定。

（2）以终为始：所有事物都经过两次创造，先是在脑海里酝酿结果，其次才是实质性的创造。

（3）要事第一：无论迫切性如何，将关乎你梦想、目标、价值观的人事物，放在第一位。

（4）双赢思维：基于互敬互惠原则，争取更多的机会、财富及资源，而非争个你死我活。

（5）知己知彼：以同情心聆听别人，有仁慈心；同时，具有认识自己的勇气；并能平衡二者。

（6）统合综效：采取远胜过你自己和对手的第三种方案，创造式地合作（1 +1 >2）。

（7）不断更新：在四个方面（生理、社会、情感、心智/心灵），不断更新自己，持续成长。

怎样让自己成为高效人士呢？柯维认为必须由内而外全面塑造自己。首先，从塑造自身的品格做起。其次，确立以原则为中心的思维方式，能够坚持原则，并据此采取行动。再次，遵循成长和变化的原则。想不劳而获、一蹴而就，不但违反自然，而且寸步难行，只会令你失望，加深挫折感。唯有在自然而循序渐进的基础上，不断改变，才能获得真正的成功。

柯维的思想发人深省，原来，习惯决定效率！换句话说，不是人在管理自己，而是习惯在支配着你，你不是被坏习惯“管着”，就是被好习惯“领着”。因此，主动培养好习惯是个成长秘诀，帮助人可以职场必胜。在众多的习惯中，笔者发现，沟通习惯是职场必胜的重中之重。

高效：习惯决定效率。

二、高效沟通

1. 会听也会问

老板叫冯超去买复印纸。他一听，立刻跑去买了三张复印纸回来。老板大叫："三张复印纸怎么够？我至少要三摞。"冯超第二天就去买了三摞复印纸回来。老板一看，又叫："你怎么买了B5的，我要的是A4的。"冯超觉得很委屈："你又没说嘛。"过了几天，他买了三摞A4的复印纸回来，老板骂道："怎么买了一个星期，才买好？"冯超说："你又没有说什么时候要！"整个一周，冯超觉得老板一直在对他不满意，办公室的气氛很压抑，大家都不愉快。

只为了买复印纸，冯超跑了三趟，老板气了三次，冯超自己还很委屈，这样的工作状态实在是不理想。工作中的确会有压力，但应该也是有效果的。若我们提高效率，不仅产出得以提升，同时与老板的关系也会改善，办公室其乐融融，又可以拿到工资报酬，岂不是一举三得？冯超需要成长的是，在没有拿到全部信息的情况下，就急于想把事情办好，反而适得其反。

佑民毕业后到一家研究所工作，与另外两个人在同一个工作小组。主任发短信告诉他们三人，下周二要开会讨论一项报告。主任叫助理把报告发给大家后，他们于周二准时开会。在讨论过程中，佑民拿着手机看报告，他听到另外两人的侃侃而谈，很是诧异。他探过头去，才发现他们电脑上的报告，内容丰富，有文字有图，而自己的手机上，只显示图档，没任何文字。

佑民手机上的信息是不全的，他也因此不可能在会议上，有效地进行讨论。他向主任道歉，反思说若是事先和另外两位讨论一下，可能就会发现问题，并说下次会留意。佑民的反应是健康的，这是成长的开始。若是冯超一直纠结于老板没有表达清楚，那他就永远不会成长。有效沟通的第一点：沟通是双向的。不仅听，也要学会问，问清楚老板的意思（如 What，Who，How，When，Where）。拿到全部资讯，再去行动，才会有效果。有关"听"，综合几点建议如下：

√ 听清楚老板的指令，做到仔细完全，既准确又全面；
√ 听完老板的指令，最好当面核对一遍（沟通是双向的）；
√ 能听进去别人的意见，不是只听自己爱听的，也能谦卑接受指正和建议；
√ 会听也会问，问清楚内容细节（What）、方式方法（How）、何时完成（When）等。

高效：会听会问，尽可能拿到资讯，再去行动。

2. 表达能力

很多人都以"我不会说话"为由而害怕表达，但作为一项职场必备技能，表达力通过模仿和练习，一定会有提高的。况且有研究表明，个人说出来的话语，仅占表达效果的3%，你的表情、态度、肢体语言都会帮助传达意境的。但即使这3%说出来的内容，也要学习和提高。有人花大力气想表达得"优美"，其实准确和真实更为重要。

以转述为例，精准和到位是第一要素，转述不准确，会引发诸多的误会。右图中，大家派小田去听取专家对报告的意见。本来是颇受好评的报告，经小田转述后，有人糊涂，有人听后想放弃。在表达的时候，要分清"事实"与"感受"。即哪些话是别人说的，哪些话是我自己的理解。另外，转述话语时，不能只言片语，像挤牙膏，应把 What + Who + When + Where 等内容一并说清楚。

高效：真实表达，分清事实与感受，准确转述。

3. 尊重是核心

老板叫小赵找一份研究资料，等了三天，他都没有回应。第四天，老板终于收到小赵的邮件，他寄来一个链接，链接上的确提供了丰富的资讯，可是老板的习惯不是收集链接，而是存成文档，便于查找，而链接上的文字根本复制不下来。当老板和小赵沟通时，他的第一反应却是："我已经把你要的给你了。"这下可好，本来老板想节省时间才让小赵帮忙的，现在他得再找一次资料，更糟糕的是，一天的工作，小赵用了一个星期，最后还觉得不被老板理解。

每个人都有自己的习惯，小赵从来不愿意了解老板的习惯是什么，总用自己喜好的方式来工作。这样的工作态度无法产生高效，因为高效的前提是大家彼此了解。另外，人的习惯不会仅仅影响到工作，也会体现在其生活的方方面面。事实上，小赵和女友的沟通也极不顺畅。

小赵和女友处了三年了，两个人总是生气吵架。等一了解才发现，女友告诉小赵，有别人在场时，不要把手搭在她的身上，可是每次小赵都不听；女友说自己体质凉，不想吃大白菜，可是小赵总往她碗里夹大白菜，并反复告诫她多吃蔬菜健康……二人因此常闹得不愉快。

讲到沟通，其核心价值是尊重。没有尊重，哪来的理解，况且理解是双向的。既然对方已经讲了"有人时不要把手放在我身上"，为什么听不进去呢？若是小赵配合，就是在表达尊重，若他只想到我喜欢你才这样，就无法赢得对方的尊重。对待工作也是一样，既然想把工作高效完成，我们就有义务去了解别人，尊重别人的习惯。自我中心常使我们只看到自己有多好，而忽视了对方的感受。而沟通的效果，一切都得以对方的反应为基础。例如，对方没听懂，无论你觉得讲得有多好，都无济于事。只有当对方体会到你的爱与尊重，才会自发地改变习惯。

高效：尊重习惯，从对方角度出发，了解配合。

4. 团队沟通

不仅和老板、家人、朋友要有效沟通，工作团队内部也必须充分进行沟通。一个团队仅有多做事是不够的，要想提高效率，需要明确各自的任务和职责，这样才能分工协作，形成合力。否则的话，个人只管低头拉车，各走各的路，就无所谓效率，甚至有可能形成负效益。

沟通需要在积极主动、双向互动、尊重理解和谦和真诚中进行，具体的要注意四个技巧：

一是 Why？明确沟通的目的。若你自己也不知道想说什么，也不可能让别人明白。

二是 When？就是要掌握好沟通的时机。看准沟通的时间，把握好沟通的火候。

三是 Who？必须知道对谁说。你说得再好，选错了对象，自然也达不到沟通的目的。

四是 How？还要学习有智慧地去表达。例如，用对方听得懂的语言；先用感谢和肯定的话；开场要简单真诚，多用"我……"；既讲事实，又坦诚表达内心的感受等。

小练习：看图说话

A　表达练习：事实+感受

请问你在图上看到的是（事实）：__________

你觉得图画想表达的是（感受）：__________

B　沟通练习：图中"听"与"说"有哪些问题？

√　大家虽都很努力，但彼此缺乏沟通；

√　没人愿意听拿来圆轮之人的意见；

√　找到方法之人，也不知道要和谁讲；

√　沟通不良，车子走得很慢，效率低。

高效：明确职责，团队间勤于沟通，分工合作。

三、拖拉的防治

很多人提到“高效”多少会有点压力，以为这是个“吃苦费力”的事情。其实，有经验的高效人士会告诉你，高效并不是“拼命”拼出来的，也不是“紧张兮兮”压出来的，高效率工作会使人享受工作，从而使我们有更多的时间可以享受生活，并且，高效是有方法可以达到的。

前文重点论述了有效沟通对高效能工作的帮助，在诸多影响效率的习惯中，拖拉应该是最不好的习惯了。但在讨论克服拖拉之前，这里介绍一个词——“心流”，好像有股“能力”流经大脑和内心，能调动你全身的细胞和能量，把你的才能发挥到最佳。

1. 心流——进入状态

听说过“心流”吗？有些人称其为“进入状态”，这状态能让你的工作效率轻松翻个几倍。举个例子来说，当你正在从事一个项目时，时间飞逝而你竟全然不知。你没有任何杂念，只是专注于所做的工作，忘记了周围所发生的一切，有时你还会有一种与你的工作“融”为一体的感觉……这个状态，就是指进入“心流”状态。

“心流”（flow），由心理学家米哈里·契克森米哈赖在20世纪90年代提出。在《超人的崛起：解读人类终极效能的科学》（*The Rise of Superman*：*Decoding the Science of Ultimate Human Performance*）一书中，记者史蒂芬·科特勒透过极限运动的视角，呈现了心流领域的最新研究成果。科特勒主要探讨从事高风险运动时的心流活动——比如冲浪，他认为能否保持专注度是关键。不仅如此，“心流”这个概念对商业世界和职场生产力也在带来重大影响。

史蒂芬本人在30岁时，得了一场重病，卧床3年。医生们不知道究竟哪里出了问题。正是冲浪中所经历的心流状态让他恢复了健康。原以为自己精神错乱的这位科普作家，一直思考，为什么能好起来？后来他研究发现，心流过程产生的神经化学物质可以促进免疫系统，重置神经系统，心流有助于形成一种自身免疫性状态。六个月的冲浪，由于专注而频繁体验心流，帮助他的身体机能，从普通人经历心流状态的10%的比重提升至80%，因此他逐渐好了起来。

史蒂芬·科特勒认为，心流是种最佳状态。在这种状态下，人的感受和表现都处于峰值。要形成心流，需要10个条件，其中包括专注，自我意识消失，时间的扩张等。根据当时所具备条件的数量，“心流”又分为“微流”状态和“宏流”状态。如果你不知不觉地跟某人非常尽兴地谈了一下午，或者心无旁骛地从事一个工作项目，仿佛其他一切都消失了，那就是心流状态。

麦肯锡公司（McKinsey）的一项研究发现，普通人在大约5%～10%的工作时间内处于心流状态。但如果你能够将这个比重提高至20%，他们预测称，整个工作场所的生产力将翻一番。《超人的崛起》介绍了15种心流触发器。比如，非常明确的挑战、丰富多彩的环境、风险、创造性的休闲项目等。冲浪、绘画、写作等，任何需要创造力的活动都容易触发心流。许多公司都致力于改善内部环境，以触发员工进入心流状态。例如，谷歌公司（Google）尝试提高10倍的绩效，而非仅提高10%。当你要求10倍的改善时，需要采用全新的方式，同时大幅增加员工工作生活中的新奇感和不可预测性，以提高心流的高比重触发。

看来，进入“心流”状态的人，可以数倍地提高工作效率。“心流”不仅医治了患病的史蒂芬，而且开启了他的研究新方向。心流，被史蒂芬称为“幸福的意外”，也应引起我们的关注。史蒂芬是在冲浪时，面对惊涛骇浪，他高度专心而引发了“心流”。你能否在生活和工作中，认出这15个心流触发器，在面对压力、遇到挑战、不可预测、突发风险这些人生的风浪时，忘掉一切，全神贯注，激发出极大的创造性，踏上生命的风浪，体会这些所带来的意外幸福吗？

看来，困难和压力都不是退缩的借口，反而应该成为积极面对，离弃拖拉恶习的动力。

2. 自我检测

请参照小曼的日常工作形态，检测自己。若是你觉得自己没有拖拉的毛病，那就预防大于治疗。

√ 做工作，远不如望着窗外发呆来得有趣；
√ 这么多事要做，我都不知从哪儿下手，等等吧；
√ 找资料要去图书馆，走路累，等有顺道车再去；
√ 客户电话非得现在打吗？他或许不在办公室，下周再说吧；
√ 修改文字费时间，等有了大块的时间，再一起改吧；
√ 下周要交的报告不知怎么写，好难啊！心烦！不如先上网浏览下，转换一下心情；
√ 下个月才开员工大会，现在定场地太早了，还有时间，等等再说；
√ 马上就要去开会了，赶紧和老友在 QQ 上聊两句，结果一聊又迟到了。

3. 拖拉治愈之方

A　永远现在式

如果你仔细观察，小曼的拖拉都是有“理由”的。人有时很复杂，想懒惰，还要说服自己。生命公式表明，一两次的拖拉没关系，但是久而久之，其所形成的错误定式就叫“习惯”了。

有时候，我们会有种磨蹭来磨蹭去的倾向，一会儿和朋友在 MSN 上聊几句，一会儿想想事，不知不觉事情没完成，可时间过去了。这样的结果，不仅没效率，自己也打不起精神。与其消磨没劲儿，不如打定主意，永远以“现在”这两个字来激励自己，把“明天”“等会儿”“下星期”都想成遥远的未来，做个“我现在就要开始工作”的人。哪怕只是拿起电话，问问项目进展；取出日记，记下一两条突发的想法，不知不觉，“把事情一件件完成”，就变成你心中的动力。而这种今日事今日毕的态度，就是一种积极主动的工作习惯，简称为“永远的现在式”。

必胜法则：今日事今日毕，永远的现在式。

B　利用碎片时间

小曼有时并不是故意拖拉，她其实也会忙得团团转，但有些工作，她觉得要等闲下来或是有大块时间的时候，才好完成。但事实是她永远在等大块时间，事情就一直搁在那里。这其实是一个利用碎片化时间，还是将时间碎片化的问题，前者是高效工作，后者只是瞎忙。

举个例子，如果你在等电梯时用手机回复了一封工作邮件，这是在利用碎片化时间工作。但如果你本来计划下午有三个小时要整理一份报告，但在做报告的过程中，你一会儿看看朋友圈，一会儿被私人电话打断，或是写一会儿报告又去回复邮件，再去跟人讨论一个问题，即使看似一直在工作，但这是将工作时间碎片化的行为，工作效率自然不会高。

程序员小吴每天到达公司后，简单浏览处理紧要邮件后，剩下的上午时段是他集中编代码的时间，这期间只会上厕所和喝水。他手机静音，更不会挂着 QQ。午休后，他才会处理其他邮件。下午用来修改 BUG，参加相关的会议或是和别人讨论问题，他几乎没有加过班。

看来，避免拖拉，要结合大脑的兴奋度和清醒度，把大块时间用好，专心攻克重要项目，不要将其碎片化；同时，把等车、候机、走路、排队这些碎片化时间用好，提高工作效率。

必胜法则：大块时间专攻，利用碎片时间。

C　分类有条理

一个人每天都要处理很多的事宜，不知道从何下手是自然的，但随着工作年头的增加，我们必须训练自己，懂得分类、合理排序、巧妙整合。同类的事情，常常处理方法相近，而头脑里清楚自己工作项目分类，接到新任务时，自然不会慌乱。处理起来，也会有条不紊。小曼开始学习分类与整合：

√　第一，把所有工作项目分成几大类别；
√　第二，在每大类下，分成具体工作细项；
√　第三，各个种类，都要按重要性排序；
√　第四，若增加新任务，（右图 B 员工）清楚放入哪个类别；
√　第五，在整理时，采用不同的图标和颜色，以示区别；
√　还有，工作性质交叉的项目，要学会整合，分享资源。

举个整合的例子，助理小莫把自己的工作分成三类：老板日程安排、财务报账、日常与会议。其中第一和第三项下面，都有会议室的预定。整合的意思，就是同时处理（定会议室）。在工作的初期，要学习记清楚老板的每项指令（A 员工），一段时间后，将工作项目分类整合，头脑对工作内容要越来越清晰，既要记清楚，也要分清楚，这样效率会高一些（B 员工）。

必胜法则：分类排序整合，头脑条理清晰。

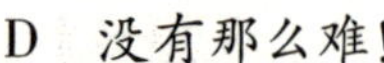

D　没有那么难！

小曼拖拉的原因还在于，她总是把事情想得很难。因此，就一直拖在那里，不愿意面对。

宜华是人事主管，每次想到要去处理员工对其上司的“投诉”，就很“头痛”，他索性就拖着，希望情况能自动好转。不过常常事与愿违，同事间的关系更僵了。他不得不逼着自己去谈，结果发现，老板其实蛮好谈的。他又进行下一步，去找员工，经过半个小时听她诉苦，关系也得以梳理。渐渐地，他发现，不想写的报告，每天写一页，不知不觉也完成了，不想碰的诉讼官司，经过和律师一步步沟通，情况也越来越明朗。看来，把事情一直拖在那里，并非解决之道，他的心得是，事情其实没有想的那么难啊！只要一步一步地做，总能做完。

很多事情都是有时效性的，不去解决，情况不会自动变好，还可能导致公司蒙受更大的损失。这样的拖拉其实都卡在思想上面，思想懒散、觉得难、停滞不前，自然会产生相应的结果。最好的方法就是更新心思意念，其实事情并没有那么难！只要去做就好了。

必胜法则：更新心思意念，Just do it！

提高工作效率，克服拖拉的方法还有很多，例如：

√　三分钟结束私人电话：私事难免影响情绪，上班时间，应避免自己被琐事干扰。
√　心流 + 碎片有机结合：25 ~ 45 分钟集中精力进入状态，5 ~ 15 分钟处理杂事，如此反复；
√　把闹钟拨快 15 分钟：把事情往前提，把握主动，保持主动的人，效率会高；
√　第一次很重要：第一次就记清楚，第一次就做好，事后返工或回想，都会浪费时间；
√　追求生活品质：有热情和目标的人，常希望提高效率，以期有高质量的休闲时光。

四、自律

有人曾问有十几年投资经验的小路，被称为炒股高手的从业秘诀是什么？小路伸出三个指头，介绍了自己的“高手三律”：制定纪律、执行纪律和信奉纪律。其实，不仅是金融业，各个行业都有从业纪律。同时，外在的纪律只能管束人到一定程度，唯有里面的纪律——自律，才最有约束力。很多人追求随心所欲，以为这是自由，但其实想停就停的自律精神，才能让人享受到更多的自由。结合小路的高手三律，我们也来谈谈职场中的工作纪律、情绪纪律和社交纪律。

1. 工作纪律——做行动派

IT 部门的小赵被老板炒了鱿鱼，通常，公司里每逢员工离职或被辞，大家都会嘘寒问暖，既表达不舍，同时也“听听”消息。可这一次，与小赵有最多工作衔接的财务部却没人有反应。小赵离开，公司没招新人，而是由小赵同部门的小胡接手。这样一来，小胡的工作量就翻倍了。三个月过去了，没见小胡累到要抱怨，反而听到财务部上上下下对小胡的夸奖，认为小胡比小赵强10 倍！原来，财务部需要 IT 的配合，例如查找特定财务数据、解决财务软件问题等。每次找到小赵，他通常第一句话是“这不可能”，似乎财务同事的要求总是那么过分。若是你央求他，他会说“等我想一下”。这一想少说一个礼拜，甚至拖一个月，有的还不了了之。因此，财务部都不喜欢他。而小胡不同，每次你和他提业务要求，他都仔细听，很快就拿出方案，还会反过来问你下一步的工作安排，这样他好提前准备。不用说，小胡做两份都比小赵有效率。

看来，并非人多才好办事，没效率反而会连累团队，企业需要的，都是高效人才。我们必须在自律上成长，小胡所有的优点，如积极主动，愿意配合等，都是通过改变可以达到的。

著名评剧演员白玉霜，人称“评剧皇后”。她不论三伏酷暑，还是三九严冬，一有时间就去练功，练嗓子。有人说：“你已成名了，还这么苦练？”她笑笑说：“戏是无止境的。”

卓越有成就者，多数对自我的要求高，他们孜孜不倦，在技能上专精，有工作纪律。

有一个农夫一早起来，说要去耕田，当他走到田地时，却发现耕耘机没油了；原本打算立刻要去加油的，突然想到家里的猪还没喂，于是转回家去；经过仓库时，望见里面存储的马铃薯，又想起小马铃薯可能正在发芽，于是又走到马铃薯田去；路途中经过木材堆，又记起家中需要一些柴火；正当要去取柴的时候，看见了一只生病的鸡……这样来来回回，这个农夫从早上一直到太阳落山，油也没加，猪也没喂，田也没耕……显然，什么事也没有做好。

农夫的故事，给人太多的启发，有工作纪律的人，一定要有工作计划。至少约定，一天必须完成哪些工作。当然，也不能“在计划中荒废”，有了计划，一定要去执行。据统计，计划执行度达到40%，你就很优秀了。因此，工作计划也要定期调整。农夫的成长，除了有工作计划外，现阶段他特别需要练习的是：一次做好一件事。

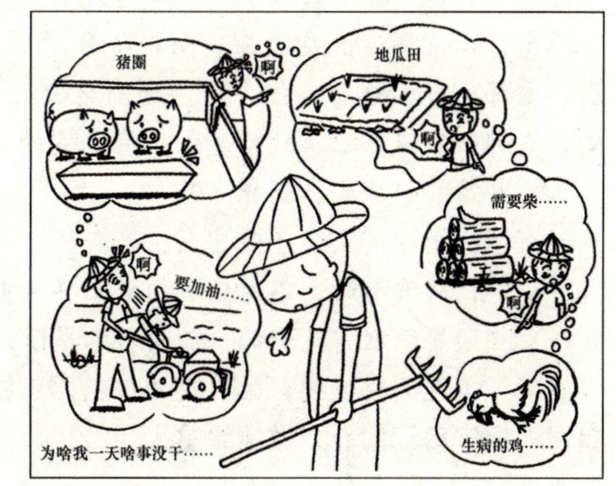

这里讲的工作纪律，包含公司的要求，也指个人对自己形成一套约束自己、使工作高效率完成的方法。当然，这个纪律随着生命的成长，也要调整。例如，开始学习用记事本记录事项并逐一完成，而下一个阶段，可能要学习的是分类整合。总之，设立纪律，并严格执行是原则，随时调整是智慧。职场必胜的秘诀之一，就是做行动派，常用的工作纪律有：

√ 通晓公司的制度和文化，摸索老板的习惯和工作风格，并具体思考如何配合；

√ 制订计划，并记住所定计划，坚定执行。且要定期检测，在尝试中调整计划；

√ 对待老板、服务对象、同事等，主动沟通，积极配合，并定期书面报告/沟通；

√ 克服完美、懒惰、困惑所造成的拖拉，在规定时间内，完成每项任务。

√ 力争第一次就把事情做好，一次做好一件事，注意力高度集中，奉行高效与高质量；

√ 所学专业、持续钻研、熟能生巧、摸索规律、提高效率、永无止境；

√ 认真严谨，在开会、沟通等工作各环节都要全面，记住What + Who + When + Where + How；

√ 所设计的方案，提出的建议，答应别人的事，统统要付诸行动，做行动派。

自律：总是付诸行动，做个行动派。

2. 情绪纪律——做情绪之主

小焦的个性比较压抑，加上他认为自己活干得很多，却不受单位重视，心中很不爽，就决定不理所有的同事。小梅不是在开会时和同事争起来，就是在茶水间被做清洁的大姐说了一顿，回家挤地铁又和路人甲不愉快，她每天过得都很辛苦，也每天都期盼能“转运”。

有人把情绪比作全身的枢纽，所谓“牵一发而动全身”。情绪一旦紧张和激动，肯定会影响工作效率。多好的工作关系，也会因为你大发了一次脾气，而产生裂痕。一个成功的职业人，不可能任由情绪牵制，这样很不自由。有职场纪律的人，为自己设立情绪纪律，做情绪的主人。

√ 小焦：情绪具有抒发性，可以在单位找到一两个值得交的朋友，偶尔相聚畅谈一下；

√ 小梅：命运的主动权还是在自己手里，不管外人怎样，我们可选择正面与快乐。

小齐与客户约好下午三点见面，但中午和女友吵了一架，他心情不好，决定和客户取消会面。小马一到晚上就来了精神，看比赛，聊网吧，半夜三点才睡觉，他一到上班开会就犯困。

有情绪纪律的人，知道在对的时候，做对的事情。就像柯维博士在《高效能人士的七种习惯》中提到的，依据原则和价值观，而不是根据情绪和外在环境来做决定。

√ 小齐和小马：无论风吹雨打，无论情绪翻江倒海，到了时间，我们就出现在对的地方。

小付单独工作时，就一直拖拉，她喜欢别人陪着她做，这样才有效率。而小姜遇到那些不情愿却又不得不做的工作时，就用“按部就班法”来完成：从接到任务的第一时间起，在行事历上，用醒目的符号标注出截止日期，并把任务均匀地分配在日程之内。

事业成功的人往往耐得住寂寞，他们拥抱无聊和沮丧。成功很少发生于第一次尝试，遇到困难并不意味着人很笨，向做得好的人学习也并不丢人。

√ 小付：放掉感觉，用毅力坚持，可独立工作，向做得好的人（小姜）学习。

启华做主管，员工一出现状况，他就用“解雇”来“威胁”。一开始大家都很怕，渐渐就不以为然了。这次启华又被手下员工惹火了，见大家不再理会他威胁解雇的话语，一激动就真开除了两个，但他事后很是后悔。而艳玲每次听科长的报告，就心旷神怡，她被科长的风采深深吸引，觉得比自己的老公强多了。渐渐地，她开会无法专心，直到她发现自己真的暗恋上已有家室的这位科长了，怎么办？她的心从欣喜变成痛苦。

有情绪纪律的人，还要注意：

√ 情绪波动时，不说过头的话，不做重要决定；

√ 同事间欣赏是好的，但要留意界限，保守己心。

√ 不是做钢铁侠，既能晓之以理，又能动之以情。

自律：保守自己的心，做情绪主人。

3. 社交纪律——做得体之人

柳传志以“自律”在业界享有盛名，以“管理自己”的方式“感召他人”。以守时为例，有一次他到中国人民大学去演讲，为了不迟到，他特意早到半个小时，在会场外坐在车里等待。2007 年，温州商界邀请他前往交流。当时，暴雨侵袭，柳传志搭乘的飞机迫降在上海，有人建议第二天早晨再乘机飞往温州，柳传志不同意，叫人找来“公务车”连夜赶路，在第二天早晨六点左右赶到了温州。当柳传志红着眼睛出现在会场时，大家都深受感动。

职场必胜的人，一定是个在社交方面得体的人。任何理由的迟到，都侵犯了别人的权利。柳传志没有派头，其外在的礼仪正是反映了内心对人的尊重。因此，律人先律己，律己先律心。若想成为一个得体的人，不能仅是做外在的模仿，而要从价值观着手，改变思想，自律于心。

小姚来自农村，在销售公司上班，公司要求员工见客户着正装，他觉得很别扭。平常在办公室，吃饭就着老家寄来的大酱，用大葱蘸着吃。有次他逛夜市，看到一瓶香水，一看便宜，就买了，结果每次客户见他都捂着鼻子。这次公司举办年终酒会，要求着半正装。他一听半正装，就觉得没事儿，打完球后，匆忙冲个澡，就直奔现场。谁知，大家仍穿得很正式，同办公室的丁丁大吃一惊，因为他知道小姚想找对象，所以这次把表妹婷婷邀来，准备介绍给他……

生活习惯会反映在社交礼仪的方方面面。小姚在大学时，室友打扫宿舍卫生，他就看着。因为他觉得没必要，农村家里的地面比宿舍差多了，不一样生活过来了吗？其实不然，大学生活，就是在调整我们不合适的生活习惯，帮助我们学会适应环境。与人相处，不能以自我为标准，要以所在场合、主人喜好、他人需要为原则，这是一种公共意识。

孔子说：“不学礼，无以立。”小姚也不必觉得大家是看不起他，社交纪律，就是要谋得一个公众的平衡，而且每个人都是需要学习的。职业人除了通用的职业礼仪，如守时、接电话礼貌、进办公室前敲门等外，每个行业又有其相应的规范，另外，各个公司也有各自的文化习俗。学习这些礼仪，并反复练习，不断提高，这不仅是在表达尊重，也是在展现职业人的风貌。

欧·亨利所写的《麦琪的礼物》感动了很多的人。德拉与吉姆是一对相爱但贫穷的年轻夫妻，家里破烂的家具和省吃俭用剩下 1.87 美元，就是他们的全部财产。二人各有一件心爱的宝贝，一个是吉姆祖传的没有表带的怀表；一个是德拉飘逸的秀发。第二天就是圣诞节了，可他们的心却很沉重，因为无法给对方买一件礼物。圣诞节到了，二人竟然都收到了对方的礼物，原来吉姆为了给德拉买了发梳，卖掉了祖传三代的杯表；而德拉卖掉秀发给吉姆买了表链。

这个故事表明了相濡以沫的爱情，是基于为对方的牺牲，同时也启发我们，在一切的社交互动中，原动力是爱。心里有爱的人，多考虑的是别人的感受，进入公共场合，注重的是环境的要求，这样的人，自然不会随地吐痰，更不会谩骂诅咒。小姚要跳出自我，脱离自卑，明白礼仪是为了展现爱。基于爱的原因，我们愿意学习礼仪，处处做一个得体的人。

视频：如何把握社交五要素

链接：http：//v. youku. com/v _ show/id _ XMTMzMDA4MTE0OA = = . html？ spm = a2h0k. 8191407. 0. 0. TcKUdO&from = s1. 8 – 1 – 1. 2）

社交礼仪的精髓是爱与尊重，常见的办公室礼仪：

√ 初次见面：点头微笑，等女士伸手再握手；

√ 平常办公：不打断同事、不大声说话，电话铃不扰人，进门先敲门，按时打卡，排队等电梯等；

√ 仪表仪容：着装规范、妆适度、不用过浓香水等；

√ 公共场合：维护公司厨房、冰箱、茶水间洁净等。

自律：以爱为出发点，做得体之人。

五、情景时间

1. 看图说话

表达力是沟通的重要组成部分。在职场互动中，此技能频繁出现于工作例会和业务交流中，因此，我们有必要反复练习，在倾听和转述时，说清“事实＋感受”，做到“准确＋全面”。

分享包括两个方面，事实（真实存在的，多是名词）＋感受（个人理解的，多为形容词）：

A 我看见（清楚仔细描述画面的组成，如几个人物，说了什么话等，即“事实”的部分）

B 我觉得（或我认为，这是表达我们对图片含义的理解，是“感受”的部分）

请注意，事实的部分，每个人的看见原则上应该是一样的；而理解的部分，则可能见仁见智。在表述和传达信息时，我们需要说清楚哪部分是事实，哪部分是个人的理解或感受。

1.1 小莉传话

A 表达练习：事实＋感受

我看见（事实）：________________

我认为（感受）：________________

B 沟通练习：请列出小莉在传话过程中，“听”与“说”具体的问题和错误。

____

1.2 帮帮小谭、晓东与小威

A 表达练习：事实＋感受

我看见（事实）：________________

我认为（感受）：________________

B 办公室有三位同事，小谭是急脾气，总想把事情当下就解决。每次沟通工作，小谭都希望尽快谈，而晓东则喜欢把手边的事处理了再谈。若是发生了矛盾，小谭总想立刻解释清楚，而碰到情绪的事，小威则喜欢躲，“明天再说”。

请根据课程学习，思考他们三位各自需要学习什么功课，并列出你对三人的建议：

____

2. 专注练习

请填空，完成职场必胜十法则，再两人一组，按法则在右图中逐条数出，速度快者胜出。

__________不马虎
__________不抱怨
__________不自卑
__________不受挫
__________不自我
__________不放弃
__________不贪婪
__________不拖拉
__________不浮躁
智慧喜乐不慌乱

进	尽	法	恩	励	取
真	合	律	实	直	自
正	职	教	信	忍	易
受	业	鼓	效	守	责
尽	感	忠	作	坚	诚
自	达	高	学	敬	豁

3. 分类与全面

下面是助理小赵的工作清单（To-do-list），请你帮她将工作分类，并按你认为的轻重缓急，填入表格中。同时，请从老板的交代中，找出三项，帮助小赵全面理解，填入第二个表：

A　老板2/9～2/18北京飞上海来回，在上海要见王总和小雷，要订票、订餐位；

B　3/25上午全体员工开会，需要准备场地、茶点、资料及PPT，会前跟老板确定PPT；

C　员工大会的费用，包括场地、茶点、（开会）资料等，需要在会后一个礼拜内向财务报账；

D　老板飞回后，需要和老板要登机牌，并在他回来后的一个月内报给财务；

E　老板要接待一位来访我公司的董总，需要跟董总的秘书联络，要记得安排合适的会议时间，并准备好咖啡和茶水，及预定会议室；

F　财务部小李需要跟我谈下半年度的预算；

G　老板要进行年度考核，他需要与部门领导进行一对一沟通，地点选在2楼会议室。

A类：日常与会议	B类：________	C类：老板行程

	代办事项（What）	相关人（Who）	处理方式（How）	截止日期（When）
1				
2				
3				

六、本章小结

高效是每个职场人士在工作中都必须追求的，而效率主要取决于人的习惯。在职业发展中，我们应该奉行的原则是，尊重对方的习惯，当然，在爱的里面，我们也可以提醒对方，但重点是努力改正自己的不良习惯。若想沟通得好，就需要尊重了解，以对方的感受和回应为标准，并且能在“听”和“说”两方面下功夫，放下自己的观点，做到准确全面。

其实人的工作效率是可以大幅提升的，训练专注力是秘诀之一。那些能带出高效能产出的人，多数是专注之人，他们可以长时间全神贯注，包括遇到困难和有干扰因素之时。有研究发现，人具有一种潜力，越有压力和挑战，越能触发“心流”状态，使效率成倍地增加。

拖拉的人，不仅工作没效率，自己也提不起神儿来，缺乏人该有的活力和热情。克服拖拉，要对付懒散的思维，学习利用时间和分类整合，把自己变成一个行动派。自律的人，是行动派和得体之人，他们也是自己情绪的主人，自然也是自己生命的负责人。高效自律不拖拉，是本书的第八个职场必胜法则。

本章的五个要点：

√ 习惯决定效率，在职业生涯中，我们终身需要致力于培养好习惯；

√ 高效沟通，如听问结合、准确转述、明确职责、尊重习惯等，提高团队工作效率；

√ 拖拉治愈之方，帮助人思想更新，提高效率，做行动派；

√ 律人先律己，律己先律心。自律的人，心里有原则、有界限；

√ 一切从爱出发，落实在行动上。自律的人，有工作纪律、情绪纪律和社交纪律。

七、行动时间

–我的笔记与心得–

____

____

____

____

____

____

请从高效、自律的定义或各个必胜小法则中，选出两个，作为你下一阶段的成长目标：

____

____

法则九

忠诚敬业不浮躁

一、短片讨论

1. 背景介绍

《职来职往》是江苏卫视和中国教育频道联合打造的职场类真人秀节目，为多样的职场精英提供就业机会，并借助电视平台，帮助更多的求职者能正确对待自己与职场。

2. 《职来职往》拒招浮躁员工

链接：http：//v. youku. com/v_ show/id_ XMjg2NDM0NTE2. html

3. 讨论时间

3.1　视频中，各单位的招聘负责人是怎样看待跳槽和索取高薪的？

3.2　今天你若是单位负责人，听说你的员工为跳槽，趁着下班无人到公司来拍短片，你会怎样评价这个员工？

3.3　你怎样看待你所在的（或将来要去的）公司？是可利用的，可以成长的，还是什么？

3.4　请反思，工作是为自己做，还是为老板做，还是为公司而做？

3.5　今天你若是人事主管，你希望为公司雇到什么样的员工？

3.6　你认为什么叫忠诚？你了解企业需要什么样的员工吗？

有人认为，忠诚就是无论进入哪一个岗位或单位，都能踏踏实实地与现任工作“共存亡”。来自马来西亚的一位公司老板不无遗憾地坦言：“在中国，有些员工似乎更乐于把公司当做是一个福利机构，或是自己另谋高就之前的跳板、垫脚石。他们没有责任感，谈不上与公司荣辱与共，更谈不上忠诚。”索尼公司有这样一句话：“如果想进入公司，请拿出你的忠诚来。”这是每一个想要进入日本索尼公司的应聘者常听到的一句话。索尼公司认为：一个不忠于公司的人，再有能力，也不能录用，因为他可能为公司带来比能力平庸者更大的破坏。由此看来，公司希望找到忠诚的员工，忠诚敬业是职场必胜的“永恒定律”。

忠诚：荣辱与共，踏实做好工作，忠于所在的公司。

二、忠诚的回报

1. 老木匠退休

有个老木匠准备退休，他告诉老板，要回家安享晚年。老板舍不得这位做一手好活的老木匠，再三挽留，但老木匠决心已下，老板只好答应，但问他是否可以最后再建一座房子时，老木匠爽快地答应了。在盖房子的过程中，老木匠的心已不在工作上了，用料也不那么严格，做出的活也全无往日水准可言。竣工那天，老板把钥匙交给老木匠说："这是你的房子，送给你当礼物。"老木匠愣住了，此时，他感到后悔和羞愧：自己这一生盖了多少好房子，却在最后为自己建了这样一幢粗制滥造的房子。

老木匠平时对老板至诚至忠，对工作精益求精，但在建最后一座房子时，他的心动摇了。

"我不过是在为老板打工"，这种想法具有一定的代表性，在许多人看来，工作只是一种简单的雇佣关系，做多做少，做好做坏，对自己意义并不大。世界500强英特尔公司总裁安迪·格鲁夫，应邀在加州大学伯克利分校毕业典礼发表演讲时，曾提出以下的建议："不管你在哪里工作，都别把自己当成员工，而应该把公司看成是自己开的一样。职业生涯除了你自己之外，全天下没有谁可以掌控，这是你自己的事业。"看来，在工作之前，我们需要解决"我到底在为谁而做"的问题，而只有对老板忠诚到底，敬业到底的人，才能享受到忠诚带来的回报。

忠诚：自始至终，像为自己工作，忠于自己的岗位。

2. 普京的仕途

平民出身的普京，年轻时聪明好学，遇到了一位好导师——经济学教授索布恰克。1970年普京在大学毕业时，以一篇《论国际法中的最惠国原则》论文，赢得导师的高度赞誉。普京后来请恩师在就业上也帮自己拿拿主意。索布恰克建议他进入经济管理领域，要不就当一名律师或检察官，但普京却想进苏联国家安全委员会。索布恰克认为兴趣是事业成功的基础，就支持普京进了克格勃。不久，索布恰克也弃教从政，并于1989年竞选当上了圣彼得堡市的市长。

在克格勃工作十几年后，普京想改行，就找到索布恰克，索布恰克力排众议，把他调到身边当市长助理。当时，圣彼得堡有很多历史遗留问题，普京表现出色，很快就从市长助理升任该市的对外联络委员会主席，后又出任副市长，成为索布恰克得力而忠实的助手。

1991年12月25日，戈尔巴乔夫宣布辞职，苏联解体。让普京万万没有料到的是，自己的恩师跟现任俄罗斯总统叶利钦竟然是政坛上的夙敌！叶利钦先是逐步削弱索布恰克的权力，接着使他落选，并受到软禁。普京二话不说也辞了职，并说了那句后来被俄罗斯媒体广泛报道的话："我宁愿因忠诚而被绞死，也不愿为了偷生而背叛。"

叶利钦准备指控索布恰克，普京想帮恩师，却因失业在家而无能为力。索布恰克劝诫普京："人要学会韬光养晦。你曾在克格勃工作过多年，苏联垮台时，你也没有参与夺权，叶利钦政府需要你这样的人。帮我的最好办法，就是你要赶快成功。"普京很受教，他听进去了，1996年，他不再"归隐山林"，而是应丘拜斯之邀，前往莫斯科谋职。叶利钦也知道普京，十分赏识他的才华，当即任命普京为俄罗斯联邦安全委员会秘书。

1997年9月的一天，普京得知俄罗斯最高检察院马上要将恩师移交最高法院审判了。索布恰克悲哀地说："我是人家砧板上的鱼。"普京却说，"我一定要想办法救你！"索布恰克说："你有这份心意我就满足了，你没这个能力，况且你若帮了我，叶利钦也不会放过你。"

远在1985年时，波兰爱西波航空公司总裁瓦涅塔那的女儿被意大利黑手党绑架了。瓦涅塔那先是请英国中情局出面，但没营救成功，后又请克格勃出面。普京那时负责这个项目，解救了人质。普京秘密找到瓦涅塔那，没想到他顾虑重重，担心得罪叶利钦。但瓦涅塔那也觉得欠普京人情，就巧妙地让普京仅花200美元租到一架波音747飞机。就这样，恩师被送往巴黎。

第二天，普京站在叶利钦面前，投案自首，准备接受任何处罚。而叶利钦却在办公室里转了好几个圈子也没说话，忽然，他笑了起来："弗拉基米尔，你知道我为什么器重你吗？因为你有两个很多人缺乏的优点，一个是军人的气质和果敢，另一个是对待朋友的态度。""我几次当着你的面说索布恰克的坏话，你却从来没有附和一句。这非常难能可贵，因为在这个世界上，拍马屁甚至出卖朋友的人太多了。好了，就当这事没有发生过，我还有更重的担子让你挑呢！"就是从这一刻起，叶利钦已经在脑海中选定普京作为自己将来的接班人。

职场中还有一种常见的想法，"我的老板很差劲"。言下之意，他不配我的忠诚。其实，无论经商还是从政，想要成功都必须具备两手，一手忠诚，一手能力，但如果没有忠诚，能力无足轻重！普京的故事告诉人，具有忠诚品质的人有魅力，任何领导都喜欢。

其实索布恰克和叶利钦都算是普京的老板，普京的自首表达了对现任老板叶利钦的忠实态度，但他同时也忠于恩待过自己的前老板索布恰克。当然，如何在两个老板间周旋，既得体又不失立场，实在需要有勇有谋。有些人在职场中奉行阿谀奉承，他们觉得只要能讨老板欢心就万事大吉了。普京也可以把索布恰克"献给"叶利钦，或是在叶利钦说索布恰克坏话时，"随便"加两句，但公道自在人心，溜须拍马、见风使舵不是真实的忠诚。忠诚的人有原则立场。

忠诚：心怀感恩，无论顺境逆境，忠于自己的老板。

3. 王子的仆人

在马耳他流传着一则古老的故事。一位仆人奉命保管马耳他王子的鞋子。有一晚，王子偶然看到这位仆人正紧紧地抱着他的拖鞋睡觉，他上去试图把拖鞋拽出来，却把仆人惊醒了。这事给王子留下了深刻的印象，他立即得出结论：对小事都如此小心的人一定很忠诚，可以委以重任！于是他把那个仆人升为自己的贴身侍卫，事实证明王子的判断是正确的。那个年轻人很快升到事务处，又一步一步当上了马耳他的军队司令，后来他的美名传遍了整个地中海群岛。

为何王子可以以小见大，对仆人委以重任呢？这就是领导者的学问。中国酒店业近年来发展迅速，一位酒店的副总曾说："我每天都在大堂转，观察那些新入职的员工，看看哪几个不怕繁琐、认真做事，我真想尽快提拔他们，因为太缺人手了。"看来，领导们都在观察，在寻找"靠得住的人"，其特点就是无论职责大小，永远小心谨慎。

很多人会说："公司安排我做的事微不足道，谈不上忠诚。"他们认为工作随便做做就好，但真实的情况是，在他们的心中有自认为更重要的事，因此随便就把自己的私事和个人爱好，凌驾于公司的职责之上。

其实职责没大小之分，心态最重要。上天是公平的，看鞋子的仆人，尚且能忠于自己的职责，获得了如此的升迁，为什么我们要轻看自己的职责呢？

忠诚：事无巨细，永远小心谨慎，忠于自己的职责。

4. 老艺术家谈良心

大型电视连续剧《水浒传》中鲁智深的扮演者臧金生，为了把人物演得更加逼真而采取紧急增肥措施："涮羊肉要最肥的，鸡蛋一天十几个，饭前一把乳酶生，饭后一把酵母片，睡觉之前灌啤酒……"就这样，短短两个月里，他硬是揣出了23公斤！人家告诉他，这种非正常性增肥是要折寿的。可是他并不后悔，说："一要对得起古人，老祖宗留下那么好的文化遗产；二要对得起'上帝'，尊重观众得拿出实际行动；三要对得起自己的良心，这是咱自己的事业嘛。"

为数不少的人觉得，老板就付那么一点工资，犯不着"卖命"。老艺术家臧金生那样做，完全不是为了演出费，而是一颗对待事业忠诚敬畏的良心。在职场中要有职业道德，其实骨子里是指人要有从业良心。无论工资多少，只要签约了，就要履行职责。有人上班时看报喝茶，磨磨蹭蹭，打发时间，没有产出。还有的人，老板面前认认真真，老板不在就敷衍了事。职场必胜的品质是，人前人后一个样。总之，人要对得起那份工资，更要对得起自己的良心。

忠诚：认真工作，人前人后一样，忠于自己的良心。

5. 最大受益者

无论是普京还是那位仆人，他们的动机都不是为了换得升迁的机会，换句话说，他们的本心并非是用忠诚换取什么，忠诚是其品格，但这样的品格使他们享受到了忠诚所带来的美好回报。所有这些故事，无非都在证明，企业需要忠于自己的员工，而忠诚是职场发展之本。

42岁时，已是四个孩子母亲的露宝成为微软公司总裁比尔·盖茨的第二任秘书，而比尔·盖茨当年才21岁，正是创业之初。露宝的丈夫切切叮咛，要她特别留意月底公司是否发得出工资，免得白做工。而露宝则认为：年轻人开办公司，肯定会遇到困难，她考虑的是怎样尽到责任。

盖茨有自己的工作规律，中午到公司上班，一直工作到深夜，天天如此。于是，露宝就配合他的习惯，照顾老板的饮食，这使盖茨感到了温暖。露宝把微软公司看成一个大家庭，对公司的每个员工都有一份很深的感情。很自然，她成了公司的后勤总管，承担了发放工资、记账、接订单、采购、打印文件等事务性工作。她也成了公司的灵魂人物，为公司带来了凝聚力。

当微软公司决定迁往西雅图时，露宝因丈夫的事业无法随行。但三年后，露宝说服了丈夫，再次加入微软公司！随着微软帝国的建立，露宝积累了大量财富，也取得了事业上的巨大成功，可以说，她自己从工作中大享福报。

忠诚是有魅力的，无论它表现在对待公司、岗位、老板、职业，还是自己的良心。忠诚是人类最重要的美德之一。企业需要愿意与公司同舟共济的人，他们忠于公司，敬重老板，恪守职责。这样的人活得饱满有力，易有成就感，而工作自然就成为他的一种人生享受。忠诚的人，领受忠诚所带来的各项回报，自己反而是最大的受益者。下面再来回顾一下忠诚的各项含义：

√ 荣辱与共，踏实做好工作，忠于所在的公司；

√ 自始至终，像为自己工作，忠于自己的岗位；

√ 心怀感恩，无论顺境逆境，忠于自己的老板；

√ 事无巨细，永远小心谨慎，忠于自己的职责；

√ 认真工作，人前人后一样，忠于自己的良心。

三、浮躁的弊端

1. 艾森豪威尔打牌

德怀特·大卫·艾森豪威尔（Dwight David Eisenhower，1890年10月14日~1969年3月28日），生于美国得克萨斯州一个德国移民后裔家庭，是美国第34任总统（1953~1961年）兼陆军五星上将，曾任二战期间盟军在欧洲的最高指挥官以及北大西洋公约组织部队最高司令。

艾森豪威尔毕业于西点军校，年轻时就是个杰出的参谋军官，被美国陆军参谋长麦克阿瑟选中进入陆军部，在二战中声名大噪。1942年他指挥英美联军在北非顺利登陆，也曾指挥西西里战役，1944年被任命为盟军远征军最高总司令，带领军队进行了改变历史的诺曼底登陆。之后他接管蒙哥马利的地面部队指挥权，指挥攻占德国。1945年接替马歇尔任美国陆军参谋长。

1948年，他退出现役，被聘任为哥伦比亚大学校长。1950年他重新入伍，后于1952年返回哥伦比亚继续担任校长，并逐渐进入政坛。1952年，他代表共和党竞选总统成功，时年62岁。在他执政期间，曾签署了州际高速公路系统法案，随后美国高速公路开始向四面八方蔓延，跨过无数都市。艾森豪威尔任职的八年，成为美国社会战后一段安定、繁荣的时期。

1969年3月28日，艾森豪威尔因心脏病发作逝世，其遗言在下葬时被宣读，其中有这样几句，“我始终爱我的夫人！我始终爱我的儿子！我始终爱我的孙子！我始终爱我的祖国！”

纵观艾森豪威尔的生平，又读了他的遗言，我们不得不承认，艾森豪威尔将军用他的一生，谱写出忠诚的诗篇，他忠于妻子，忠于家人，忠于事业，也忠于国家。他的人生，一定经历了许多非常人所想的艰难，但他总是活得很精彩。这里要讲述他小时候的一则小故事：

艾森豪威尔年轻时，经常和家人一起玩纸牌游戏。拿到好牌时，他常常眉飞色舞，抓到不好的牌时，就埋怨手气不好。一天晚饭后，他照常和家人打牌，谁知这回每次抓到的都是很差的牌。开始时他只是有些抱怨，后来，他便发起了少爷脾气。一旁的母亲看不下去了，正色道：“既然要打牌，你就只能用你手中的牌打下去，不管牌面是好是坏。要知道，好运气不可能永远光顾于你！”艾森豪威尔听不进去，依然愤愤不平。母亲就心平气和地告诉他：“其实，人生就和打牌一样，不管你手中的牌面是好是坏，你都必须拿着。你能做的，就是让浮躁的心情平静下来，然后力争把自己的牌打到最好！”

艾森豪威尔母亲的话，很有智慧。好运气不可能时时临到，沉下心来把牌拿稳，力争打到最好，才是关键。人生如同打牌，有的人会把一手好牌打得很烂；但也有的人，牌面似乎不好，但结局却相当精彩。有打牌经验的人都知道，有一种牌称为“王牌”，不一定是“大王”，但此牌一打，局势改变；此牌一出，立定乾坤。纵观艾森豪威尔的一生，无论在军队，还是在学校，或是在政坛，他自己就像那张“王牌”，无论何种职务，他都胜任；无论何种角色，他都忠诚；无论走到哪里，他都带来祝福。看来，无论做哪一行，都要先沉下心来，去除浮躁之心。

2. 思考时间

你认为，浮躁有哪些表现？怎样打好你现在手中的牌呢？若是你想成为工作、生活中的那张“王牌”，是时候了，你必须要面对浮躁的心，认清浮躁的弊端，沉下心来，学习必胜法则。

3. 怎样打好手中的牌?

A　最大的法则

格雷先生15岁的儿子查理非常厌学:"我讨厌读书,再说了,读书有什么用?"格雷告诉查理:"你可以不读书,但不去读书,就得去工作。"查理不服,格雷就带他去看望监狱里的老同学约翰。格雷对这位囚犯说:"见到你很高兴,但很遗憾在这儿见到你。""你的遗憾不会比我的后悔更多。"那个囚犯对查理说:"这是你的孩子吧?""是的,我儿子查理。他现在的年纪,和我们一起上学的时候差不多。你还记得那些日子吗,约翰?""我倒巴不得忘记呢!"约翰感叹道,"真希望那只是一场梦。那时我游手好闲,和坏人混在一起。我不想读书,我父亲死后留给我一大笔财产,我认为有钱就不需要读书,但我一点也不会挣钱,也不心疼钱。一天早上醒来,我发现自己一无所有了。若是想活下去,必须弄到钱,结果就不用说了。"

约翰被看守叫回去干活,格雷问看守:"这些囚犯有多少人受过职业训练,可以用正当手段谋生?""十个里面找不到一个。"看守回答。在回家的路上,格雷告诉儿子:"当我说必须工作时,你很吃惊,这次到监狱来就是我的回答。多少财富都不能让游手好闲的人生活下去,这个世界上最大的法则就是工作。"查理沉思了片刻说:"好吧,我还是去上学吧!"

有些人的浮躁,表现在什么事也不想做。请记得天上不会掉馅饼,不劳动者不得食。左拉说:"世界上最伟大的法则就是工作,任何事物一旦离开了运动,就一定会停滞。只有投入使用的东西,大自然才会赋予它们力量。"很多父母觉得自己打拼很辛苦,就希望自己的孩子少吃一点苦,但格雷先生的人生智慧是,不吃苦就没成长,若不接受职业训练,就很可能沦为囚犯。人一生的成就好比收割,若没有播种和耕耘,哪来收割?人应当丢掉无所事事的心,明白"勤劳积蓄的,必见富足",专心学习,找到能生存下来的工作岗位,并踏实做事。

必胜法则:接受职业培训,离弃无所事事。

B　黄金法则

著名演员陈道明除了对角色饰演一丝不苟外,对道具布景也追求尽量真实贴切。他不拍剧情离谱的片子,也看不惯某些年轻演员一心要红所使用的各种炒作手段,认为该把劲使在拍戏上。在拍《康熙王朝》时,有个小配角演得很不认真,导演怎么说都不听。因为他觉得:自己就一个配角,不管多辛苦,名利都给主角夺去了。陈道明当场批他:"你连演配角都不配!"

其实,谁不想当主角?陈道明说他当年也跑过十几年的龙套,可正是那些经历塑造了他今日的辉煌。有些人无法塌下心工作,因为觉得不受重视,只是一个助手的角色,他们总是期盼快点成为领袖,奉行"一步登天",根本不愿意在现实生活和工作中,先扮演好该扮演的角色。

黄金法则:你希望别人怎样待你,你也要怎样待别人。

组长小黄,每次开完会都很难过,他始终想不通,"为何他们都不服我?!"他一直反思,突然有一天灵光一闪,发现自己也常不服现任处长。而且,自己在做组员时,看当时的组长也"很不顺眼"。

踏实的人,能够摆对自己的位置,知晓放置于四海皆准的黄金法则。小黄今天的愁烦,使他反思自己当年的行为。今天你做助手或副手时,尽心服务你的领导。将来当你升上去时,你的周围也会出现柔软顺从之人。人当去掉"急躁",谦卑于自己的"角色"。

必胜法则:谦卑做好副手,晓得黄金法则。

C　人生大准则

世界500强之一的福特公司，之所以能够成长为世界一流公司，因为其始终拥有一批与公司同命运、共患难的员工。1956年公司推出一款新车，但客户不买账，新品刚上市就遭遇了挫折，严重地打击了众人的信心。谁也没有想到，这个难题让刚来公司的一个实习生解决了。

艾柯卡是见习工程师，与汽车销售毫无关系，但公司老总着急的神情，深深地印在他的脑海里。他开始琢磨："我能不能做点什么？"有一天，他灵光一现，并径直来到总经理办公室。他向总经理建议："在报上登广告，内容为：'花56美元买一辆56型福特'。"他的想法是，谁想买一辆1956年生产的福特汽车，只需先付20%的款，余下部分可按每月付56美元的方法逐步付清。他的建议被采纳，"花56美元买一辆56型福特"的广告迅速引起市场极大的兴趣。

短短3个月，该款车在费城地区的销售量从末位一跃成为冠军，而艾柯卡也因此受到公司的赏识，总部将其调到华盛顿，并委任其为地区经理。此后，每当公司面临危机时，艾柯卡总能挺身而出，为福特作出了巨大贡献。不过，公司董事长小福特却对艾柯卡进行排挤，这使他处于两难境地。但他却说："只要我在这里一天，就有义务忠诚于公司。"尽管后来艾柯卡离开了福特汽车公司，但他仍然很欣慰自己为福特公司所做的一切，他说："无论为哪家公司服务，忠诚都是我的人生大准则。我有义务忠诚于我的公司和员工，到任何时候都是如此。"

艾柯卡的故事给予人这样的启发：能与公司同命运、共患难，主动帮助公司解决问题的人，最容易在人才济济的职场中脱颖而出。这样的人，得到高薪的职位和公司的赏识是自然的。他们即使受排挤、被粗暴对待，也不忘初心，就像艾柯卡一样，不丧失自己的人生准则。

必胜法则：临危同舟共济，受屈不忘初心。

D　智慧法则

"慧"字，为"心"上有"彗"（扫帚星），寓意为扫去"心"上的尘土，智慧才会浮现出来。尘土可喻表为社会上虚浮的"流行"，也可指错误的价值观。有条法则，称为智慧法则，就是要学习把心安静下来，摒除错误的世俗观念，找到自己的职场价值。

第三中学的校长，在接待到访的专家培训团时，谈到工作，不禁抒发了心中的困惑："不明白这些年轻人，为什么都不好好干？浮躁得很。"他们有的每天只关心"潜规则"，有些总在比较谁拿的钱多，还有的总在想是否该换工作……总之，对于业务，却没有怎么上心。

其实这种现象，并非只在这所中学，很多企业领导都有类似的反映。娃哈哈董事长兼总经理宗庆后在出席2016年中国500强企业高峰论坛时，也不无感慨地说，中国人是比较难管理的，因为中国人聪明，都想做"皇帝"。这是真正的"聪明"吗？这是在浪费自己的前途。

当代有种带有社会性的浮躁现象，"一夜成名"欺骗了太多涉世不深的年轻人。网络媒体的普及，使得各种消息肆意传播，给原本平静的生活，带来过多的"躁动"。有很多人，经过多年的躁动，也会沉静下来，但是大把的时间已经浪费掉。

为什么我们不趁着年轻，学习把心安静下来，思考智慧法则呢？职场智慧至少包含两个方面：如何胜任工作，以及找到适合的职业。如三中的老师，如果觉得不适合当老师，可以转岗。但重点是，不要人云亦云，不如面对问题，回到内心，寻求职场智慧。

必胜法则：静心摒除世俗，寻求职场智慧。

四、敬业之美

1. 格桑花开：最美教师格桑德吉

链接：http：//www. iqiyi. com/w_ 19rst2mcz1. html

为了让雅鲁藏布江边、喜马拉雅山脚下的门巴族孩子有学上，格桑德吉放弃了拉萨的工作，主动申请到山乡小学。她的教育梦想就是让门巴族孩子都能上学。格桑德吉老师所在的帮辛乡小学是墨脱最后一个通公路的乡，因常年泥石流、山体滑坡，从未有过完整的路。为了劝学，12 年来格桑德吉老师不顾天黑走悬崖，在满是泥石流、山体滑坡的道路上频繁往返；为了孩子们不停课，别村缺老师时她不顾六个月身孕、背起糌粑上路；为了把学生平安送到家，每年大雪封山时，作为校长的格桑德吉跟男老师一样，过冰河、溜铁索、走悬崖峭壁，把四个月才能回一次家的学生们平安送到父母的身边。在她 12 年如一日的努力下，门巴族孩子从最初失学率 30%，变成入学率 95%。12 年来，她教的孩子有 6 名考上大学、20 多名考上大专、中专，而她自己的孩子却留在拉萨，一年仅见一次。村民们亲切地称她为门巴族的“护梦人”。

小思考：从格桑德吉的经历，思考怎样才能有颗敬业的心呢？

这个故事启发人，要想路走得远，需要爱与热情。正是因为格桑德吉有梦想，她才能够成为乡亲们的“护梦人”。她就是看到了教育对孩子未来和脱贫的重要意义，所以才吃苦受累，挨家挨户劝说家长送孩子上学；正是那份敬业的爱，使她能够不计个人安危，保护好每个学生。看来，要想有敬业精神，真得摒除世俗杂念，专注于自己的梦想。其实不仅是最美教师，太多的成功人士也说过类似的话：刚开始做这份工作时，并没有什么激情，但是当你担起这个责任，全力以赴时，就会逐渐带出一种热情。敬业之人最美丽，他们把爱与热情注入在工作中。

敬业：对工作充满激情，对服务对象充满了爱。

2. 世界冠军邓亚萍

链接：http：//v. youku. com/v_ show/id_ XMTcyMDk1NTEwOA = =. html? from = s1. 8 - 1 - 1. 2&spm = a2h0k. 8191407. 0. 0

邓亚萍 16 岁时就夺得首个世界冠军。从 1989 ~ 1997 年，她共获得了 6 次世界乒乓球锦标赛冠军和 4 枚奥运会金牌。她赢球时的口头禅是：“漂亮!”而这样漂亮的成绩是怎样来的呢？邓亚萍的训练非常刻苦，她的主教练张燮林介绍说，邓亚萍脚上长骨刺，很痛，每次比赛前都要拼命跺脚，跺到麻，才上场打球。在真人秀当中，邓亚萍也说了一句令人回味良久的话：“即使今天没有做到最完美，但是我相信，我们所有的付出都是值得的。”看来，结果不能完全定义一个人，而辛苦付出与敬业精神却可以影响很多人，这才是最美的。

小思考：你从这个短片，看到了冠军背后的什么？换做是你，你愿意做陪练吗？

我们似乎无法完全理解那些放弃自己拿冠军，而专做陪练之人的心情，或许他们认定那是他们该完成的角色？认为那才是需要尽忠的岗位？但是我们的确看到了像邓亚萍这样的人，他们力求在专业上专精，勤学苦练，志在必得。

曾在中国某足球队执教的前日本国家队主帅冈田武史，分析中国球员低劣的职业素养时说：“对他们当中的许多人来说，处理人际关系，比自己踢好球更重要。”当然，人际关系固然重要，但职业人的根基是把业务做好，敬业精神的核心是专业精神，必胜法则最重要的一条是：专业专精。

敬业：专业上专精，不畏困难，志在必得。

3. 忠诚度指数

怎样做一个忠于企业，有职场忠诚性的人呢？为了帮助大家把握好敬业精神，在此提出了十项指标，构成忠诚度指数，帮助我们来对照自己，提升自己。

（1）对待公司：	明确愿景，清楚组织架构 爱其如家，维护公司利益 有全局观，临危同舟共济
（2）对待岗位：	预备上岗，熟悉岗位职责 勤学苦练，业务上有专精 终身学习，保持竞争优势
（3）对待职责：	认真负责，无论薪酬高低 不惧繁琐，职权范围清晰 仔细完全，按时完成任务
（4）对待老板：	理解关心，尊重善待老板 智慧鼓励，委婉提出异议 谦卑受教，有原则有顺从
（5）对待制度：	维护制度，带头遵守规则 正直守法，配合正常监管 敢于建言，完善优化制度
（6）对待同事：	关心爱护，包容祝福饶恕 待人如己，提携鼓励帮助 善于沟通，分享业务经验
（7）对待利益：	胜过试探，遵守行规企规 换位思考，奉行双赢原则 成绩面前，放下个人得失
（8）对待团队：	团队意识，合作豁达配合 正面感恩，避免争竞嫉妒 积极融入，集体荣誉优先
（9）对待困境：	临危受命，看到需要补上 亡羊补牢，尽量减少损失 面对拒绝，不受挫不沮丧
（10）对待自己：	愿意成长，不抱怨不自卑 踏实肯干，奉行永不放弃 相信自己，喜乐感恩自律

忠诚度分数，就是把每项的分数加起来，例如上述十大项，共有30小项，每项三分，加起来就是忠诚度分数。用分数除以100，就是忠诚度指数，应该是一个大于0而小于1的数字。

忠诚与敬业，不可分割，企业需要那些忠于组织，危难见忠诚的人，而敬业的人，不仅态度好，品格好，而且勤学苦练，业务专精。忠诚敬业的人，一定能在岗位上发挥出该有的价值，成为企业和社会的“顶梁柱”。这样的人，就是那张“王牌”，无论做哪行，都能做得精彩。

敬业：对照忠诚度指标，提高忠诚度指数。

五、情景时间

1. 是非判断题：请选择是与非（在后面画勾），并简单陈述理由

1.1 都过截止日两周了，组长催小霞快点交报告，可她查了一遍又一遍，认为这是在尽责。

是________ 非________ 理由：____

1.2 牛建三年换了4份工作，每次请假他都谎称母亲生病了，其实是去面试。他很敬业。

是________ 非________ 理由：____

1.3 小莉和同事议论起领导来，口若悬河，还常讲别人坏话。这个会破坏团队的合一。

是________ 非________ 理由：____

1.4 小马觉得老板打压自己，就联合其他同事一起“怠工”，他说这是为大家争取权益。

是________ 非________ 理由：____

1.5 老板叫小娟负责接电话，让毛毛管复印，两人都认为老板偏心，不喜欢自己。

是________ 非________ 理由：____

2. 情景时间：我该怎么办

2.1 我现在北京的一家幼儿园实习，一来就做保育员，都说保教结合，但现在的工作我感觉更像做清洁工。刚来培训时，园长说升迁要看能力，但园里有个保育员来了一年也没升上去。实习一年都做保育，我感觉学不到东西，这个和我实习的目标不一样。我是想来学习教学经验的，现在我感觉工作没动力，看不到前景，不知道该怎么办，想走又走不了。请你给我指点一下。

2.2 小黄是中医针灸师，除了扎针外，他还常常鼓励安慰他的病人。最近来了两位病人，都在抱怨。原来这二人是同家公司的，并且还是上下级关系。他们一个肩膀酸痛，一个头痛上火。要怎样鼓励他们呢？真相是什么？请写出至少五点适用的职场必胜法则。

2.3　有“铁榔头”之称的郎平，在20世纪80年代退役远赴美国学习体育管理。2005年，她受邀出任美国女排主教练，并在2008年北京奥运会带领美国女排战胜了中国队，她因此一度被一些国人视为“叛将”（2016年，她重新执教女排后，带领中国女排在里约奥运夺金。）但郎平表示自己并不介意是否为“叛将”，她认为：“我的专业就是排球，我只忠于我的专业，不介意曾被国人叫‘叛将’。”请问你怎么看？你同意郎平的话吗？

2.4　小静一直很困惑，两年前听说某大师擅长营销，就赶紧买票听讲座，几个月后又听说某老师的课特别好，就决定跟了，开始好有心得，但两个月后又失去了兴趣。每次她都是这样，非常想学习，但不久就换一个题目，最后她茫然了，不知道自己的心为什么这么浮躁。请帮帮她。

3. 忠诚度指数测试

3.1　请你为筱芝打出忠诚度分数，并除以100，计算出她的忠诚度指数（每小项三分）

筱芝喜欢别人顺着自己，每次同事和她有不同意见，她要么感到气愤，要么觉得委屈。但她工作很努力，人也很聪明，总是能按时把项目做完。不过她觉得老板给自己的薪水太低，因此每天都在想是否要换工作，以至于有时上班会无精打采。小时候妈妈要求她很严格，使她常和妈妈有冲突，但她的爸爸很宠她。上班后，她能和男性老板愉快相处，但总是觉得女性老板处处拒绝自己。与人相处时，她几乎把所有的精力都放在别人是否喜欢我，本来她热情帮助失业的同学找到工作，但看到对方拿到的工资比自己还高时，又灰心丧气。她对公司的很多制度也都有意见，也不明白为何公司要急于上市。另外，她很担心前途，每天都心慌慌的。

3.2　请你根据现在的情况，给自己也评估一下。

4. 阅读三部曲：阅读文章，完成三部曲

中国球员到底差在哪？听听外援怎么说

许多人都开始思考：为什么在中超联赛越搞越红火的今天，中国球员的水平却仍然原地踏步？中国球员到底差在哪里？我们不妨听听在中国联赛踢球的外援们的说法，在他们的眼里，中国球员之所以难以进步，主要是因为缺少职业素养，这也是制约中国球员发展的最大问题。

前不久，英国足球记者杰斯汀·阿伦来到中国采访，一名外援在接受他的采访时，直言：“中国球员非常懒惰，在职业素养上，他们非常欠缺。”与此同时，这名外援还透露，中国球员不但懒，而且贪。“他们只知道像大明星那样赚大钱，却不去想怎么样好好工作。”这名外援的话确实点出了目前普遍存在的一个现象：球踢得不咋的，在谈合同时却敢狮子大开口。

其实，许多外援都曾批评中国球员缺少职业素养。前中超著名射手德扬，在来到中国踢球的第一个赛季就指出：“中国球员的职业精神比韩国球员差多了。韩国球员永不言弃，但中国球员不是这样，有时候他们会站在背后，有时候他们甚至会抱怨运动量太大。”曾在杭州绿城执教的前日本国家队主帅冈田武史，也对中国球员低劣的职业素养做过剖析：“某种程度上，许多中国球员尚未达到职业球员的标准。对他们当中的许多人来说，处理人际关系，比自己踢好球更重要。”看得出，职业素养的缺失，不是中国球员的特例，而是通病。

六、本章小结

忠诚和敬业是职场必胜的“永恒定律”。每个企业都想招募到忠诚的员工，他们的标志是把公司看成是自己的事业，像为自己做事一样。他们感恩老板，与公司共患难，共生存，并且处处积极主动，人前人后一个样，工作事无巨细都谨慎认真。

忠诚是美德，也是职场发展之本。忠于公司和老板的人，自己将是最大的受益者。在人才济济的职场，忠诚的人，最容易脱颖而出，受到重用。

浮躁的人，办不好事，也处理不好人际关系，还会将手中的一把好牌打得“稀烂”。文中列出的四条必胜小法则，对应社会上普遍存在的四种浮躁心理。若是你可以逐一对照，并列出自己的成长清单，据此认真改正的话，就会提高自己的忠诚度指数，并最终享受到忠诚的回报，展现出敬业之美。

本章的五个要点：

√ 公司需要忠诚的员工，他们忠于自己的公司、岗位、老板、职业和自己的良心；

√ 忠诚的人，享受忠诚带来的各种回报，这其中，他们是最大受益者；

√ 浮躁的人，要离弃无所事事，知晓黄金法则，做好副手，能够把心安静下来；

√ 敬业的人，有爱有热情，他们专业专精，有克服困难的决心和志在必得的信心；

√ 忠诚敬业的人，是企业的“王牌”和“顶梁柱”，是职场不可或缺的人才。

七、行动时间

– 我的笔记与心得 –

请从忠诚、敬业的定义或各个必胜小法则中，选出两个，作为你下一阶段的成长目标：

法则十

智慧喜乐不慌乱

一、短片讨论

犹太人的赚钱智慧

链接：http：//v. youku. com/v_ show/id_ XODU0NTY0NTg0. html？from = s1. 8 – 1 – 1. 2&spm = a2h0k. 8191407. 0. 0

小讨论：

1. 在纳粹集中营中，犹太父亲对儿子麦考尔说："现在我们唯一的财富就是智慧。当别人说1 + 1 = 2 时，你应该想到大于2。"还有，"别人都知道每磅铜的价格是35 美分，但作为犹太人的儿子，应该说3. 5 美元。你试着把一磅铜做成门把看看。"你觉得儿子学到了什么？

2. 犹太母亲从孩子小时就会问："假如有一天你的房子被烧了，或财产就要被人抢光，那么你将带着什么东西逃命？"请问读者，面对这个问题，你的答案是什么？

很多人自然会想到钱这个好东西，但这并不是犹太母亲们所要的答案。她们会告诉自己的孩子："你要带走的不是钱，也不是钻石，而是智慧。因为智慧是任何人都抢不走的。"

在世界公认的聪颖、精明、成功的犹太富商眼里，任何东西都是有价的，都能失而复得，只有智慧才是人生无价的财富。并且只要你活着，智慧就会跟着你。因此，我们也应该思考和学习智慧法则，尤其当一个人想在职场中必胜，就必须懂得在职场上处处寻求智慧。

二、智慧通达

1. 万豪酒店创办人

享誉全球的万豪（Marriott）酒店，其创始人是约翰·马里奥。马里奥的一生极富传奇色彩，他被公认为是一位富有开拓精神的实业家。他从一个贫困的背景，一步步完成大学学业；从一个小汽水店合伙人，做到世界级大酒店与食品集团的董事长。年轻时，有次他返乡途经华盛顿，时值酷暑盛夏，大街上卖汽水的小贩被游客围住，几分钟就卖掉了一车，这个情景使他印象深刻，随后便与人合伙开了家汽水店。创业初期，他每天平均工作16 个小时，包括后来开创了万豪，他始终都认为每周仅工作40 个小时的人，是一辈子也干不出什么大事来的。

除了苦干，马里奥也总在思考。为了避免拆迁，万豪酒店常建在大桥边，或有名胜古迹的地段。同时，万豪酒店的发展，也是一个不断反思，随时更新提高的标准化作业过程。老马里奥年代的职工，每人都要随身携带工作手册，随时对照检查自己的工作职责、工作范围及任务完成情况，保障一切作业都程序化、标准化、制度化。老马里奥一生曾遇到过无数的困难与挫折，但他总保持乐观态度，坚定地认为人生就是一个克服困难的过程。若能面对困难、克服困难，人就成长了。他曾印刷一种卡片发给每个职工，叫员工每天思考四个问题：①你有什么麻烦？②原因是什么？③可以解决的办法是什么？④你自己解决的办法是什么？看来，勤劳苦干和勤于思考是老马里奥奉行的智慧原则。有一种智慧，通过勤奋实践，在不断反思中形成。

犹太人的赚钱之道，是明白智慧在人的里面，动脑筋就可以增加价值，而马里奥则专注于一个"勤"字，奉行手勤脑也勤。马里奥的标准化作业、员工四问，以及麦考尔从一堆废料中产生350 万美元的价值，这些都使人看到，我们要手勤脑勤、观察摸索、不怕困难、寻求智慧。

智慧：不断实践与反思，手勤脑也勤。

2. 向小马里奥学倾听

小马里奥是创始人老马里奥的儿子，和父亲一样，他也以四处巡视旗下酒店为乐事。有一次巡视，他注意到顾客对餐厅女招待的服务评分不高。他问经理问题出在哪里，经理说不知道。但是，小马里奥注意到了经理不安的身体语言，接着问女招待的待遇。得到回答之后，他又问为什么待遇比市场标准低。经理说：加薪要总公司决定，他不想提出来。对话不过30秒，但小马里奥却发现了三个问题：第一，总公司管得太多。第二，高层重视利润胜过顾客满意度。第三，经理不敢提加薪，说明他的上级是糟糕的倾听者。当然，他立即解决了这三个问题。

这是有关领导者怎么做决策的完美案例：如果问题是经常性的，那就要通过建立规则或完善制度来解决。令人印象深刻的是，小马里奥仅仅靠着“倾听”，就“听”出了问题，他及时解决并完善了制度。有一种智慧，就是借着“听”“问”和“看”，就能找出问题的症结。

加护病房送来一位重症危急病人，病历上写的是“心脏病”，家属告诉医生，病人有十几种家族病史，如糖尿病、高血压……怎么办？病人已经昏迷了。老主任听了年轻医生的各种建议，问了家属几个问题，安静地想了想，说：“先从肺部开始……”几天后，恶化的病情被控制住了，两个月后，病人出院。年轻的医生们不得不佩服，因为谁也做不出这样的医疗方案，他们都只能从病人的表象入手，而老主任却找到了病症的核心突破点。

在项目管理中，项目经理会制定从开工到结束的一个规划。规划图中有项目的各个执行阶段，每个阶段又有并行的多条路径。其中有一条叫关键路径（Critical Path），只要这条路径上的工程拖延了，整个项目的工期就会耽延；关键路径监管好了，整个工程的效率就会提高。因此，在项目管理中找到关键路径，或是老主任找出病症的核心突破点，就好像找到了打开困境的“钥匙”。这与小马里奥“听”出问题的症结，有异曲同工之处。

小马里奥重视倾听、善于观察，他的智慧原则，是在“听”上下功夫。他说，“我所做的，只是改变这位经理什么都不说的习惯，并且告诉他，有人愿意倾听他的问题——显然这是他的上级主管不愿意做的事。”不仅如此，小马里奥领导的万豪也积极倾听顾客的声音。比如插座位置的调整，酒店以前为了美观都尽量把插座隐藏起来，但通过调查，万豪发现商务旅客希望插座要看得见并够得着。万豪的发展有目共睹，我们也应该向小马里奥学习，重视倾听：

√ 第一层：听清楚对方字面的意思（字面意思，准确+完整）；

√ 第二层：结合“看”肢体语言，听出其隐藏含义（经理说不知道，但其实知道）；

√ 第三层：听出问题症结，连对方都没懂的问题（经理对上级不愿听意见的错误反应）；

√ 第四层：听出有关自我成长的问题（应用于自己的工作和生活，如万豪制度的完善）。

倾听有四个层次，很多人都想立刻猜出第二层，即别人没说出来的意思，以为这是智慧，其实工夫花错了。第二层需要结合经验，而经验又有适用性。秘诀是在第一层，要用100%的专注度，听清楚字面的意思，把心倒空像白纸一样，拿到全部的信息。在安静的心中，智慧才会“浮”起来。而第三层所来的灵感（创意或亮光），往往是沟通双方事先都没有意识到的。第四层的智慧也很重要，每个案例，都可找到自己要成长的点。倾听的技巧包括：虚心倾听每个人的意见；观察并善用肢体语言；避免选择性倾听，周围要有敢于建言之人；耐下心来，保持适当的沉默；多用提问的方式（你认为呢?）；也要知道何时该中止倾听，采取行动等等。

智慧：“听”得出症结，找到关键突破点。

3. 为自己而学

小茜奉行终身学习。她到处参加培训、聆听讲座。她听了小马里奥的故事，就觉得小马里奥真伟大，竟能从倾听中，就找到问题的症结！可为什么自己的主任却不喜欢倾听下属的意见呢？自此，她对自己的领导越来越不满意，觉得他们都不进修，不愿意成长，渐渐对留在公司产生了动摇！小茜与丈夫的关系也很紧张，有人建议他们去参加一个婚姻讲座，虽然二人都承认讲座的内容很是精彩，可是二人的紧张关系却毫无改善！

小茜参加各种进修和讲座，根本没有为自己听，都是在为领导和老公听的。人有了知识，可能就会自高自大，看不起别人，但真正服人的是爱与智慧。智慧是指学到了新知识，应用于实践，生命改变之后的领悟。正确的学习方法是为自己而听，自己先改变。以小马里奥为例，他听到的是自己作为公司总裁需要改进的，而那个被询问的经理听到的，则该是敢于建言。智慧的法则，就是专注自我成长，为自己而学，让改变从自我开始。

智慧：为自己而学，专注于自我成长。

4. 生命的季节

一个专注于自我成长的人，追求生命的品质，这样的智慧会使他渐渐明白，如同生命有年岁，成长也是有“季节”的。例如，你这三个月在公司学习沟通，当此生命功课结束后，就会进入下一个季节，如练习忍耐。很多人都在逃避生命的功课，其实职业是帮助人成长成熟的。

摩西奶奶100岁时，收到了一封署名春水上行的来信，信中诉说，自己从小就喜欢文学，可是大学毕业后，迫于生活压力以及亲人的期许，找了一份医院的工作，然而心里却一直不喜欢这份工作，感到别扭。眼看年近30了，他不知该不该放弃这份收入稳定的工作，而从事自己喜欢的写作。摩西奶奶回复道：做你喜欢做的事，上帝会高兴地为你打开成功之门，哪怕你现在已经80岁了。因为这张明信片，日本诞生了一位在全世界大名鼎鼎的作家渡边淳一。

每个人都有上天所赋予的独特使命。渡边淳一写信时已做了10年的骨科医生，他的工作很稳定。然而在独处时，他时常感到怅然若失，总觉得缺了点什么，似乎找不到自己了。百岁摩西奶奶有智慧，帮助他认出自己的使命价值，也鼓励他进入本属于他的下一个生命季节。

小钱听了这个故事，马上找到自己的生命导师说，“我也觉得我的工作很无聊，不喜欢这份工作”。谁知导师却说：“你才刚毕业，还没有经济实力进入下一个阶段。你现在的核心目标是生存下来。无聊的时候，可以多读书来充实自己，况且，在无聊当中找到生活和工作的乐趣，也是很重要的生命功课。另外，渡边知道自己喜欢写作，你知道自己喜欢什么吗？”

小钱对自己到底喜欢什么的确回答不上来，导师就帮助他思考生涯发展的四个阶段①：

√ 安全中生存自立（好习惯）：找到最需要的，有“保本”的习惯；
√ 资源中享受生活（好管家）：找到最重要的，管理中享受每一天；
√ 智慧中价值增加（好决定）：找到最合适的，根据价值做出决定；
√ 创意中达成梦想（好点子）：找到有意义的，用点子来照亮人生。

小钱明白了，他现在处于生存阶段，而渡边已生存下来，懂得生活之道，他渐渐进入寻求人生价值的阶段。通达人能识别生命所处的阶段和季节，踏实地做自己，走出适合自己的路。

智慧：踏实做自己，识别出生命季节。

---

① 详见《走适合自己的路》一书。

三、从容不慌乱

第三章提到百岁老人德哈维兰曾说出她幸福的三个秘密，上文讲到百岁老人摩西奶奶用自己的人生智慧，启发了渡边淳一。看来，要想活出幸福的人生，得到智慧的从业经验，我们要有能听的耳，一起来听听百岁老人怎么说，也听听别人是如何评价她们的。

1. 百岁老人的从容

摩西奶奶，原名安娜·罗伯逊·摩西，风靡全球的画家，是典型的大器晚成者。她76岁开始绘画，80岁在纽约举办个人画展，90岁其作品畅销欧美，101岁去世，时任美国总统肯尼迪致讣告词，称其为“深受美国人民爱戴的艺术家”。她一生并未受过正规艺术训练，却创作出1600余幅作品，在世界各地举办画展数十次，受到不同文化背景人群的一致欢迎。《人生永远没有太晚的开始》精选了摩西奶奶近百张经典绘画，也折射出她的智慧思想：做你最喜欢的那件事，那是你的天赋，任何时候都不晚，哪怕80岁了，淡定从容地过好每一天！下面的话摘自她写给后辈的信函：

今年，我100岁了，趋近于人生尽头。回顾我的一生，80岁前，默默无闻，过着平静的生活。80岁后，我成了很多美国人都耳熟能详的大器晚成的画家。人生真是奇妙。

我的老伴已离去多年，孩子也依次被我送走，同龄人也一个个离开了我，但我却觉得自己越活越年轻了。有人问我，为什么在年老时选择了绘画？其实，我曾是个没见过大世面的农夫女儿、农场工人的妻子。在绘画前，我以刺绣为主业，后因关节炎放弃刺绣，才开始拿起画笔。绘画并不是重要的，重要的是保持充实。不是我选择了绘画，而是绘画选择了我。

人的一生，能找到自己喜欢的事情是幸运的。今年我100岁了，回头看，我的一生好像是一天，但这一天里我是开心满足的。7岁的曾孙女问，我可以像您一样开始绘画吗？我将她拥入怀里，任何年龄的人都可以。不喜欢绘画的人，可以选择写作、歌唱或是舞蹈等，重要的是找到适合自己的道路，寻到令你心甘情愿为之付出时间与精力，愿意终生喜爱并坚持的事业。

人之一生，行之匆匆。年轻时，爱畅想未来，以为凭借努力能得到自己想要的。不到几年光景，生活的压力扑面而来，人无一幸免地被卷入现实生活，接受风吹雨打。孩子们，希望你们能找到真正喜爱的事情，寻觅到志同道合的爱侣，孕育一两个小生命，从容地过好每一天。当年老体衰回顾一生时，会因自己真切地活过而坦然，淡定地过好余生，从容面对死亡。

无独有偶，中国也有一位百岁老人——杨绛，其影响力非凡。她是作家、翻译家和外国文学研究家，钱钟书先生的夫人。她通晓英语、法语、西班牙语，其翻译的《堂·吉诃德》被公认为最优秀的翻译佳作；早年创作的剧本《称心如意》，被搬上舞台长达60多年；93岁出版散文随笔《我们仨》，风靡海内外，再版达一百多万册，96岁出版哲理散文集《走到人生边上》，102岁出版250万字《杨绛文集》八卷。2016年5月25日逝世，享年105岁。中国小说学会副秘书长卢翎曾这样评价杨绛：“杨绛的散文平淡、从容而又意味无穷……这对于当下在浮躁而喧嚣的世界中前行的知识分子独具意义，起码可以使他们理解自己、理解他人，面对宿命更具一种从容、旷达的姿态。”也有名家如此评价她：虽身处动荡、功利、虚伪、仇恨的世纪百年，然先生自有一种淡泊名利的从容，宠辱不惊的淡定，独善其身的安静，看透得失的通达。

无论是杨绛，还是摩西奶奶，除了非凡的生命力和影响力外，从容不慌乱是她们共同的生命特征。她们的作品也都一直在诠释一种思想，人生没有太晚的开始，智慧从淡定中来。

必胜法则：淡定从容，智慧通达，何时开始都不晚。

2. 思考讨论：帮帮小崔

两位百岁老人从容淡定的特质深深吸引了小崔，他的脑海里浮现出身边的人对他的评价：

工作中的老板：你这么没重点的人，还急着想成功？

迟到时同事说：每天都风风火火的，觉得你好乱啊！

处理事故警察：怎么慌慌张张的，没看到红绿灯吗？

接电话的妈妈：怎么跟个“鬼催”似的，说慢点儿！

小崔自己也很沮丧，每天的工作量很大啊，慢慢来怎么行？自己的同学有的都当大老板了，可自己还是个副科长，他心里急啊。如何能够淡定从容呢？

请你帮帮小崔，同时思考自己的工作和学习形态，是从容淡定型的，还是常处于紧张和慌乱之中？什么情况下，你特别容易担心紧张？

3. 不慌乱的秘诀

A　创意的亮光

短片：人生的流沙理论

链接：http：//v. youku. com/v_ show/id_ XODAzNzE4MzY =. html？from = s1. 8 – 1 – 1. 2&spm = a2h0k. 8191407. 0. 0

骆驼在沙漠中行走，不小心陷入流沙里，它慌乱中一直挣扎，但却越挣扎陷得越深。其实，只要骆驼不慌乱，将身体放轻松，轻轻地移动脚就可以脱离出来。人生也是这样，工作也是如此，有时事情一件赶一件，麻烦一桩接一桩，似乎要求我们立刻做决定，环境逼着我们无法停下来。其实，恰恰相反，你越是想“赶”出结果，事情往往变得更糟。不妨先放松自己，将步调稍微放慢一点，甚至先停顿一下，相信你的好运就会来临。

老主任的睿智方案，基于他丰富的治疗经验，也源于那创意的亮光。这种创意，不单指艺术家们才有的天赋，也指在工作和生活中，那种随时需要，就可以闪现出来的亮光。这种创意，医生可以有，项目经理可以有，同样小崔也可以有。小崔外面慌张，正是说明他心里边乱。

许多人遇到突发状况，都急于到处找人解决。其实有时越和人说，自己越乱。因此，最好自己可以安静下来，或是找到智慧的导师，因为他们总是给予人正面的帮助，说出鼓励人的话语，更重要的是，他们能帮助我们安静下来，把我们里面那个智慧深渊的水吸上来。所以，与其到处乱闯，风风火火，不如将心安静下来，捕捉到创意的亮光。因为智慧就在你的大脑里边。

必胜法则：适时停顿，放慢脚步，安静心寻求创意。

B　预备的重要

很多人都还没有意识到“预备”的宝贵妙用。这里所说的预备，不仅指财力的预备，人脉的预备，也特别包含心的预备。有经验的老师，都会把课件事先在脑袋里“走一遍”；智慧的管理者，需要在会前把流程“看一遍”。若是小崔可以把下面要做的事，学习在心中“过一遍”，例如，待会向客户介绍产品的步骤，周末回家要和母亲说的话……他自然就会从容许多！

说白了，没有规划，哪有从容？稳中才能求速度。如果小崔做好明日计划表，自然会对明天有几件事心中有数。有了计划表，也要克服拖拉，若总想着赶着点做事，一旦出状况，就会处于匆忙和被动中，但如果把时间往前提，就不会被事情追赶，每件事都会处理得从容不迫。

必胜法则：有计划表，会预备心，凡事都往前面提。

C　淡定不紧张

方华是业务主管，这些天她气短无力，没有精神，有朋友推荐她去看老中医李阿姨。号过脉后，本以为会开始讲气虚血亏等中医理论，谁知李阿姨却切切嘱咐她，“不要紧张”。方华立刻判断出这个老中医缺乏专业水平。

可是渐渐地，她发现自己真的很容易紧张。例如，布置完工作，若手下没反应她会紧张。某下属多拿回扣被发现，本来是下属的错，但和下属谈话前紧张怎样谈，谈完又紧张，怕没谈好……这时她回想起老中医的话，“不要紧张”。方华自此开始“淡定”之旅，每次感到紧张，她就开始自我鼓励：“这是个小事情”“方华，别紧张”，她一遍遍地对自己的心说：“淡定、淡定”。一个月后，她喜乐很多，身心愉快，人也精神多了。

人若想长寿，就要做个豁达之人，随时留意心里的状态，多鼓励自己，能放松，不被小事情搅动情绪。小崔总怕自己不成功，心里焦急，但越急越没方向。要知道成功不是急来的，而多是水到渠成之事。像杨绛一样，保持勤奋，但看淡名利，这样的人有满足感，也易于成功。

必胜法则：自我鼓励，绝不紧张，有能力放松下来。

D　善意躲过危险

二战中的某天，盟军统帅艾森豪威尔乘车返回总部，去开紧急军事会议。那天大雪纷飞，途中艾森豪威尔忽然看到一对法国老夫妇坐在路边，冻得瑟瑟发抖。他立即命令停车，一位参谋急忙提醒说：“咱们必须按时赶到，这种小事情还是等警方来处理吧。”艾森豪威尔则坚持说：“等警察赶来，他们早就冻死了！”经过询问才知道，老夫妇是去巴黎投奔儿子，但车却抛锚了。艾森豪威尔听后，立即请他们上车，先将老夫妇送到巴黎儿子家里后，才赶回总部。事后得到的情报令人震撼。原来，那天德国纳粹的狙击兵早已预先埋伏在他们的必经之路上，但狙击流产，事后希特勒怀疑情报不准确，他哪里会知道，艾森豪威尔临时改变了行车路线。

艾森豪威尔在匆忙赶路中，出于善意停车，使他躲过危险。这也提醒我们，在繁忙的每一天，多一份善意，容易得到理解和帮助。真正的善良，不是冠冕堂皇的说教，而是一种推己及人的体谅与尊重。当人处于紧张、嫉妒中时，易引发肾上腺素的分泌，失去体内化学平衡。而交感神经系统处于压力和争斗状态时，会变得活跃，从而影响身心健康和正常思维。总之，身在职场，要善待同事，心存怜悯，避免冷酷。匆忙中仍存有善意，助人躲过冲突和危机。

必胜法则：保持善意，避免冲突，匆忙中仍有恩慈。

E　一切皆为成长

龙虾与寄居蟹在深海相遇。龙虾正在努力地把自己的硬壳脱掉，露出娇嫩的身躯。寄居蟹紧张地说：“你怎么把唯一保护自己的硬壳放弃了呢，大鱼们会轻松把你吃掉的！”“谢谢关心。”龙虾一点也不着急，反而淡定地答道，“看来你是不了解，我们龙虾每次成长，都必须先脱掉旧壳，才能生长出更坚固的外壳。为了发展，为了美好的未来，冒点风险是值得的。”

人生是一种失败与成长交替出现的过程，不可否认，蜕变是一种痛苦！但对龙虾来说，那更是一种机会。人若想在职场发展得好，需要明白机会的重要性。想抓住机会，就要适当放弃和愿意冒险。得到一个好的工作是不可或缺的机会，但若你没有在其中成长，也不一定能抓住这个机会。同样，失掉一个工作机会，也不必悔恨终生，就像百岁老人一样，80 岁都可以重新开始。小崔的慌乱，无疑会使他失去一些机会，但只要不放弃，每个人都有第二次机会。

必胜法则：立足成长，抓住机会，有勇气重新开始。

四、喜乐的心

1. 哈佛大学最受欢迎的一堂课

链接：http：//v. youku. com/v_ show/id_ XMTM1ODY5NzM0MA = =. html？ from = s1. 8 – 1 – 1. 2& spm = a2h0k. 8191407. 0. 0

哈佛大学最受欢迎的一堂课，是“幸福课”，其听课人数超过了王牌课《经济学导论》。许多大学生向学校反映，这门课“改变了他们的一生”。这门课的讲师，是哈佛大学哲学与心理学博士塔尔·班夏哈，被称为幸福学大师。他认为：幸福感是衡量人生的唯一标准。

根据联合国世界卫生组织的数据，全球目前有超过两亿的人患了忧郁症。这意味着，感觉不快乐，对生活失去了幸福感，已经成为全世界的普遍现象。而抗忧郁的药，自然也成为目前排名销量第一的药物。其实，不仅是大学生，现在社会的各个阶层都开始追求幸福感，这也从一个侧面反映出人们对现代生活的一种反思。我们在职场上奋力打拼，到底想收获什么呢？

北京大学心理健康教育与咨询中心副主任徐凯文博士，提到一种“空心病”：

空心病很像抑郁症，情绪低落、兴趣减退、快感缺乏，但所有药物都无效。名校的优秀大学生中，很多都有严重的心理健康问题。虽然他们从小都是最好、最乖的学生，却有着强烈的孤独感和无意义感，有的还有自杀倾向，其核心问题是缺乏支撑其意义感和存在感的价值观。

我做过一个统计，北大一年级的新生，有30.4%的学生厌恶学习，还有40.4%的学生认为活着没有意义。中国现今的社会也越来越焦虑，据权威统计，20世纪80～90年代，只有1%的人患有精神障碍，而到2005年已经达到了17.5%。焦虑症的发病率，从1%～2%，到现在的13%，100个人当中有13位是焦虑症患者。而抑郁症更糟糕，比20年前增加了120倍。

虽然目前整个国家的自杀率在大幅度下降，但中小学自杀率却在上升。一切向分数看，忽视对学生品德、体育、美育的教育，是其中重要的原因。我呼吁家长，要给孩子们世上最美好的东西，不是分数，不是金钱，是爱，是智慧，是创造和幸福，请给他们一个美好的人生！

无论国内还是国外，太多的人活在慌乱和焦虑当中，越来越多的人需要专业的心理干预。很明显，这一定不是我们辛苦打拼所希望有的结果。一个人若想在职业发展的路上走得长且稳，除了技能，也必须要有个健康的心理。而这中间的秘诀，就是防患于未然，与其紧张忧虑到要吃药，不如从现在开始，智慧思考人生，尤其是要快乐起来，因为喜乐的心乃是良药。

2. 喜乐的心是良药

A　快乐是个选择

娟娟常常很伤心，因为觉得大家都排挤她。她找到心理老师，老师就安慰她说：“无论如何，你都配拥有快乐。”但同时也告诉她：“忧虑很伤身体”，“快乐是个选择”。

娟娟或许期盼不顺心的事都不要发生，但那是不可能的。在这个世界上，一定会有不公平的事，那是你我控制不了的，但我们可以选择怎样去反应。人既有灵魂，又有肉体。思想、意志和情感构成了魂的部分。每个人一出生就有自由意志，意志帮助人能自发地做出选择。高高兴兴也是过一天，忧忧愁愁也是过一天，为什么不选择快乐呢？请不要忘记，你是尊贵有价值的，无论经历过什么，你都有权利快乐。快乐并非仅是感觉，而是一种选择。请每天告诉自己：“我要选择快乐”。

喜乐：无论如何，快乐每一天。

B　笑看不完美

谈完了意志上选择快乐后，我们再来看看思想如何改变，可使自己喜乐起来。

一位年轻人和新婚妻子经常吵架，他忍无可忍，决定离婚。父亲听完他的埋怨后问他：你的妻子有优点吗？他说：结婚前有，现在没有了。父亲说：你比我强，我结婚前并不知道你母亲优点是什么。结婚后，才慢慢发现的。随后，父亲拿起一块瓦片和一团棉花，问他：哪样更硬一些呢？他说：当然是瓦片了！父亲把瓦片和棉花举到同样的高度后松开了手，只见瓦片落地后被摔得四分五裂，棉花则轻飘飘地落了下来。随后父亲深切地说："你应该像棉花那样谦卑下来，不伤害别人，也不伤害自己。瓦片有棱有角，过硬却易碎，伤害了他人，也伤害了自己！我这一辈子只明白一个道理，承认别人的优点会让自己温暖，盯住别人的缺点，伤害的是你自己。你希望我像你对待妻子那样去对待你的母亲吗？"年轻人明白了，默默地走回自己的家。

人的思想决定他的反应，盯住别人的缺点，最终伤害的是你自己。职场中，大家都很忙碌，若是同事又出错了，财务少发了我们的工资……这些事，是使我们大发雷霆，耿耿于怀呢？还是保持 80% 的完美度，一笑了之呢？这位父亲的智慧是，多看别人的优点，当别人的缺点暴露时，换一个角度想想，学习做棉花，为别人抵御风寒，带来温暖。当人舍弃完美，接受不完美，放弃那 20% 时，会收获另外的 80%。笑看不完美，不是妥协，而是一种智慧。

喜乐：心存温暖，笑看不完美。

C　保持充实

百岁老人提到她为何 80 岁开始绘画时说，绘画并不是最重要的，重要的是保持充实。她一语道破天机，人需要有满足感。就像人的身体不吃饭会饿一样，人的心灵也需要慰藉。

宏达电董事长王雪红说，上大学时，她学会了战胜寂寞的方法，就是经常上图书馆，功课做完就读一读鲁迅、巴金、余光中等人的小说散文。日子就这样过来，很充实。

作家毕淑敏说，幸福是一种内心的稳定。现代人习惯了较具刺激性的幸福感，如被关注、狂欢等。这种重口味的欢乐会让大脑分泌多巴胺，且对口味的要求会愈来愈重，有的最后不得不借助药物、赌博等来获得刺激感。而持久稳定的快乐，是来自于血清素的分泌，如晒太阳、慢走、绘画、读书等健康爱好。看来，保持生活的充实，是智慧之道，也是健康之道。

喜乐：保持充实，有健康爱好。

D　谨防飞鸟做窝

俗话说，人不能防备飞鸟从头上飞过，但一定能防止飞鸟在头上做窝。有些人活得很慌乱，不是抱怨孩子烦死了，就是对某个同事愤愤不平。负面的思想的确会经过人的脑海，但若你的情绪也负面起来，就好像容让飞鸟在你头上做窝一样。约翰尼·约尔在阿富汗战争中，被炸断了双腿，是一名战斗英雄。他说很多人都会问他同样一个问题，为何你失去双腿，却能活得这么喜乐？而每次他也都会回问对方一个问题，那你为什么拥有双腿，却整天愁眉苦脸呢？

幸福大师班夏哈说，人生与商业一样，也有盈利和亏损。在看待自己的生命时，负面情绪为支出，正面情绪为收入。当正面情绪多于负面情绪时，人在幸福上就盈利了。

在职业发展的路上，人要有智慧，把难处看为成长的机会。除了意志上选择快乐，思想上避免让飞鸟做窝外，还要在管控情绪上成长，方法有：制作情绪手册、对自己的心说话、改变负面说话方式、多感恩、多欢唱等。

喜乐：拒绝负面，多感恩欢唱。

E 坚持看到希望

当人失败时，第一感受常是不快乐的。乔丹说，我可以接受失败，但我不接受放弃。一场球赛，有输就有赢，所以，人不必否认和逃避失败，但重点是怎样在下一局把分数扳回来。既然已经失败了，就不能再失去喜乐。还有，人可以失去这个，失去那个，但不能失去希望。

伟大的艺术家魏特斯（Watts，George Frederic 1817－1904）所绘的名画“希望”，描绘了一位饱经风霜，受尽挫折的人，她面对的外部世界并不是阳光灿烂，她手中的竖琴也只剩下一根琴弦。这就是希望的力量，这种力量使我们相信上天，足以坚持走下去。

年过七旬的饶昌东，被尊称为“阳光老人”，他的一生颇为传奇。从只读过初二，变为大学教授；从一名普通的电影放映员，成为贵州大学艺术学院电影部主任；从瘫痪三年中站立起来，到如今载歌载舞。40多年前，朝鲜影片《卖花姑娘》风靡国内。当时的电影还需要跑片，影片有二十多卷，放完前几卷，就由放映员送往下一站。那是一个令饶家终生难忘的夜晚，当观众正在为剧情潸然泪下的时候，饶昌东跑片的摩托车被大货车撞了，他的尾椎骨断了，导致瘫痪。在之后的三年，他只能躺在床上，却没有失去希望。他站起来后，仍有多年举步维艰，但如今他在台上扭着秧歌，这正如他所说的，“阳光源于内心”，喜乐成为他面对绝境的力量。

你从他的故事中看到希望了吗？很多时候不是看到希望才坚持，而是坚持了才会看到希望。

喜乐：相信希望，坚持走下去。

F 笑着活下去

在一个晚会上，鬓发斑白的巴基斯坦影坛老将“雷利”拄着枴杖，走上台来就座。主持人问道：“您还经常去看医生?”“是的，常去看。”“为什么?”“因为病人必须常去看医生，医生才能活下去!”台下爆发出热烈的掌声，人们为老人的乐观精神和机智语言喝彩。

主持人接着问：“您还常请教医院的药剂师吗?”“是的，我常向药师请教药物的服用方法，因为药剂师也得赚钱活下去!”台下又是一阵掌声。“您常吃药吗?”“不，我常把药扔掉。因为我也要活下去!”台下哄堂大笑。主持人最后说：“谢谢您接受我的采访!”老人答道：“别客气，我知道，你也要活下去!”台下笑声、掌声、欢呼声，经久不息……

据说这个笑话曾排世界第一，因为大家都要笑着活下去！在这个充满压力和竞争的现代生活中，令人高兴的好消息越来越少。怎样让自己活下去，并且是健康地活下去，实在需要智慧。老人的话提醒我们，笑一笑，十年少，幽默带来喜乐。有专家说，大笑三分钟，等于运动半小时。保持幽默乐观，使人拥有喜乐的心，能预防身体和心灵的疾病，自然有助于职场必胜。

喜乐：幽默乐观，笑着活下去。

3. 交流会总结

每个人都有智慧，除了力求自我改变外，我们也可以彼此分享，互相启发。例如，此次的抗压技巧交流会，大家总结出如下要点：

√ 意志上，选择快乐每一天，坚持看到希望；

√ 思想上，笑看不完美，不容飞鸟做窝；

√ 情感上，感恩正面，有支持小组，保持充实；

√ 情绪上，找笑话，会抒发，做情绪的主人。

五、情景时间

1. 摸索规律

1.1　看图识规律

（1）老板交代小雷监督油漆工检查停车场上的数字是否都刷了新漆，他检查时，发现有一个停车位的数字忘了漆，请问他该告诉油漆工在那个车位上补刷几号？

请用逻辑推理找出规律。

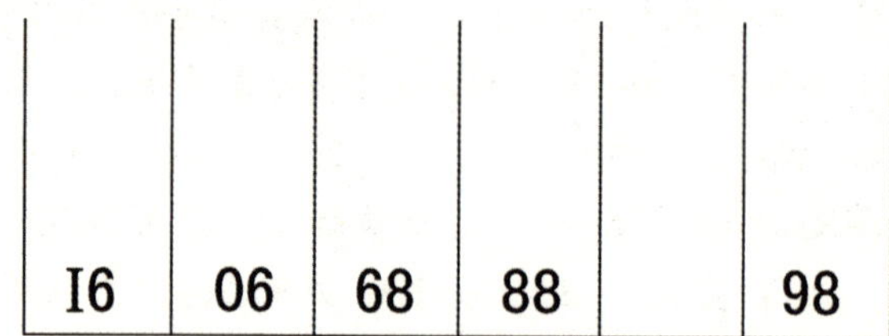

（2）问号处应该是什么数字？

2	3	4	15	12
3	4	5	28	20
4	5	6	45	30
5	6	7	66	42
6	7	8	?	56

1.2　两人一组，比赛练习

上级给了特工小王一个密码表，各个符号分别代表着一位数字（如右图），要他在1分钟后记住并销毁。

请二人一组，给对方看1分钟后，就盖住表格，分别各挑一题来回答，这行符号代表着什么数字。

请分享你是如何记住的，例如怎样摸到规律？

1	2	3	4	5
┘	⊔	└	⊐	□
6	7	8	9	
⊏	┐	⊓	┌	

第一题：□ └ ⊐ ┐ ┌　______ ______ ______ ______ ______

第二题：⊔ ⊓ ┘ ⊏ □　______ ______ ______ ______ ______

2. 自我检测：我是否在紧张？

请做自我检测，在你有相似经历的括号内画“√”，并思考如何成长。

（　）当有人叫我的全名时，我通常都会打个小冷战，不知是否自己又做错事了。

（　）在公众场合，我无法感到自在，手没处放，感觉大家都在注意我。

（　）人多的时候，我都不敢开口说话，即便是和很熟悉的朋友聚会，我也无法敞开心聊天。

（　）我不觉得自己紧张，可是每次做完事，肩膀都非常酸痛。

（　）第二天如果有事，我头天晚上肯定睡不好。

（　）要跟老师、老板、上级见面时，我会心慌、汗多，或感到胸闷。

（　）要考试或交报告时，经常胃口不好，消化不良、拉肚子或便秘。

（　）我一想到远方的家人，就担心他们会出什么意外，整个人变得心神不宁。

（　）我一有压力，就咬指甲盖，这样才能使我的注意力保持集中。

3. 综合考核

3.1 有关尽责：尽责是把事情尽量办好，请问下述哪些员工，是真正把事办好了？

（ ）老板请小红下班时锁好门，小红锁了门，但忘记关灯。所以，灯亮了一个晚上。

（ ）所长请司机小张把他的车加好油，要95号，结果他加满了92号油。

（ ）客户买了东西，却把手机忘在柜台，小丁发现后，忙收起来，下班前交给失物招领。

（ ）组长让小黄把食物给老人院送过去，小黄迅速打包，但菜饭都糊在一起。

3.2 有关自我形象：小芳从小就不喜欢自己的腿和屁股，老嫌自己的腿粗屁股大。有一天，小芳看到一个视频，视频中的女孩生下来就患有一种罕见的疾病，这种疾病使得她的身体无法储存脂肪。看着皮包骨的她在台上自信满满地演讲，散发着迷人的风采，小芳忽然觉得自己的臀部和腿上能有肉，是多么幸福的事，她开始非常喜欢自己。请问小芳为什么改变了？

（ ）发现有自信，具有健康的心态才是使人美丽的原因。

（ ）害怕自己将来也会得和视频中的女孩一样的病。

（ ）看到女孩的情况，她开始感恩，并被女孩的自信所折服。

（ ）反正自己就这样了，不要心存指望了。

3.3 有关沟通：一个苏格兰人去伦敦，想顺便探望一位老朋友，但却忘了他的住址，于是给父亲发了一份电报："您知道托马的住址吗？速告！"当天，他就收到一份加急回电："知道。"

请问，他们之间的沟通，问题出现在哪里？

（ ）信息发送者没有清晰地表达全部的要求。

（ ）收到电报者，并没有完全掌握发报人的要求。

（ ）有效沟通必须在对的地方，与对的人沟通，发报人找错沟通对象了。

（ ）有效沟通必须发生在对的地点，其实不用发报，苏格兰人只要自己在当地找就好。

3.4 有关效率：哪些员工是有效率的，哪些员工是拖拉的，并在有效率的前面画勾。

（ ）某员工坐在办公室里，漫不经心地滑着他的平板电脑，桌角的一堆文件，只看了几页。

（ ）回复一个简单的邮件，王婷用了20分钟，她反复推敲，始终觉得用词不够恰当。

（ ）小夏采用25分+5分的工作方式，头25分专心做报告，后5分钟检查邮件、打电话。

（ ）小美要处理很多事务性工作，她奉行做完一件是一件，做得很开心。

3.5 有关喜乐：下述情景，哪些需要在喜乐方面成长？

（ ）只要我能穿上名牌，就会感到快乐，可问题是我没有钱买。

（ ）我只要不和马兵一个课题组，我就觉得非常幸福，我真的拿他没办法。

（ ）每天上班我都拖着疲累的身体，这样累下去，不知道我会不会生病，把身体搞坏了。

（ ）每天进公司上班，一想到老板各种不合理的要求，我就很郁闷。

4. 马里奥四问

马里奥坚定地认为人生就是一个克服困难的过程。面对困难、克服困难，就成长了。他曾要求员工每天思考四个问题：①你有什么麻烦？②原因是什么？③可以解决的办法是什么？④你自己解决的办法是什么？请根据马里奥四问，解决目前你的一项麻烦事。

六、本章小结

学完了职场必胜的前九个法则，我们必须要面对一个问题：职场打拼的目的是什么？是为了那份薪水，还是为了家人？是为了自己的理想，为了成就感，还是仅仅为了升职加薪？其实这个问题，或许没有标准答案，但是在诸多的答案里，一定要有下面这几项：为了活出自己的价值（那是成功最本质的定义），为了使自己成长为一个有智慧、充满喜乐的人。

智慧的人，在工作和生活中，能思考出智慧，倾听出智慧，学习到智慧，他们明白自己的价值，晓得生命的季节，在成长的过程中，不知不觉就走到事业的巅峰。

三位百岁老人对幸福、对职业、对人生的诠释，激发我们脱离紧张和慌乱，要淡定从容地过好每一天。而幸福大师班夏哈认为，生活中每一天的选择，每一个小的改变，都可以让自己离幸福更近一点。若是我们也能把职场打拼，与获得幸福感结合起来，那就更有智慧了。其方法就是，不断地在思想、意志、情绪和情感等方面成长改变，直到拥有一颗喜乐的心。

智慧喜乐不慌乱，是本书的最后一个法则，也是最有意义的一个法则。人生赢家与职场必胜有两个秘诀：处处寻求智慧，时时保持喜乐。

本章的五个要点：

√ 很多东西都可以失而复得，但只有智慧是无价的，智慧就在你的大脑里面；

√ 智慧的人，动手也动脑，有“听”的本领，懂得自我成长，也知道自己的生命季节；

√ 紧张和慌乱，只能损伤身体，也让人做不好工作，不慌乱的五个秘诀助人成长；

√ 喜乐的心乃是良药，职场打拼不仅是为了升职加薪，也是为了活出智慧与喜乐；

√ 愿意在思想、意志、情感和情绪方面成长的人，就有办法胜过压力，快乐每一天。

七、行动时间

－我的笔记与心得－

______

______

______

______

______

______

请从智慧、喜乐的定义或各个必胜小法则中，选出两个，作为你下一阶段的成长目标：

______

______

讨论与作业答案

法则一　尽职尽责不马虎

一、影片欣赏

2. 影片讨论

2.1，2.3，2.4，2.5 的答案在本章内容中均可找到。

2.2　影片中的每个人，在列车失控之后的态度有何不同？

有的人，如杜威，本是自己的责任，却还懒散推脱；

有的人，如弗兰克、威尔，不是自己的责任，却不顾危险，坚守职业道德，勇于担责；

有的人，如康妮、内德，出了状况，助力解危，尽量挽回损失。

五、情景时间

1. 糊涂秘书

1.1　没有完成好老板交代的任务。

1.2　每人一份报告，但有两人没有拿到　　老板应是咖啡，其他人是水，但做反了

应该打开窗户，但只开了窗帘　　书架上的书完全没有整理

1.3. D

3. 对比左右两图，共有15 项差别。

4. 是非题

×：A　B　C　D　F　G　H　I　J

√：E　K

5. 听力测试

员工A：开会时要全神贯注，记得老板说什么。

员工B：听要准确和完全，三个重点少记了一个重点。

员工C：不带着自己的意思听别人的意见，避免闲言闲语。

法则二　真实鼓励不抱怨

一、影片欣赏

1. 影片讨论

1.1 ~ 1.5 的答案在本章内容中均可以找到。

五、情景时间

1. 帮帮三胖

1.1　他们的友谊不坚固，朋友间需要真实和坦诚。

1.2　A.（×）坦诚说出自己内心最真实的感受是分享，而非抱怨。分享与感恩不矛盾。

B.（×）大明平常待三胖很好，要恩慈以待，应用诚恳委婉的话语，而非警告对方。

C.（×）自己该加强或改变的，自己需要去做，但是真诚地去分享也是必要的。

D.（√）

1.3　建议三胖：

秘诀1：找一个合适的时机，例如大明心情愉快的时候。

秘诀2：先致谢，感谢大明以往的友谊，再将心里真实的感受说出来。

秘诀3：若大明无法接受，就不要硬说。

秘诀4：若你是大明，要谢谢三胖这样讲，并要道歉和表示以后改进。

范例：（看到大明哪天很高兴时）对大明说，“大明，你不知道我多感谢你平常对我的帮助，愿意教我，而且还常替我担责任，我真的为有你这样的朋友而高兴（表达我很珍惜我们之间的友谊）。但听到别人叫我“胖子”，我心里其实挺不舒服的。你以后别再叫我“胖子”好吗？如果大明反应很好，如向三胖道歉，就继续，“另外，你也别总笑话我的说话方式了，好吗？”

2. 撕掉错误标签

换个角度想想，帮助小潘重新认识自己，下面是几个范例：

A　可是我的图画得好呀。我的声音粗且低，正好在合唱团唱低声部。

B　说出来的话只占3%，表情、语调、肢体语言等都会帮助沟通，这些正是我该改进的。

G　很多人对婚姻有所惧怕，是因为父母常常吵架。要找出害怕的原因。

H　思想很重要。负面思想及错误的心理暗示会影响健康，要学会不顺着思想定式走。

5. 问题思考

鼓励是如何奏响“爱的回旋曲”的？

案例1：黄国伦先生当年鼓励了落魄被人追债的出租车司机，数年后，这位司机的安慰，使黄国伦先生重拾对生活的希望。

案例2：小王不参与他人的背后议论，选择良善对待，并支持鼓励新来的主任，后来在整个公司进行解聘的大环境下，新主任还帮小王争取到升职加薪。

案例3：小薇工作认真而且工作量很大，但是待遇却很低，当她表达不满时，她的主任愿意跟她分析及鼓励她。小薇谦虚下来，愿意尝试她的主任建议的，没想到她的工资及职位快速上升，也开始懂得如何与领导相处，而她的主任也得到了一位得力助手。

法则三　自信进取不自卑（略）

法则四　受教易学不受挫

五、情景时间

1. 自我认知

B　请对照下述几种阐述，看看你认同哪几条？为什么？并解释怎样逐条改进。

（×）我总是喜欢别人顺着我的说，而且每当这种时候，我都有一种被鼓励的感觉；

理由：鼓励使人有力量向上，不是简单的自我陶醉。总喜欢听顺着我说的话，可能导致我无法知道事情的真相，或失去听到建议的机会，因此也无法进步。

改进：愿意听听不同的意见，特别是邀请对方主动提醒你有哪些不足。

（×）几乎没有什么人会来和我提建议，我一定表现良好，做得称职；

理由：没有完美之人，大家都有不足，需要改进。没有人会来和我提意见，可能正说明我听不进意见，所以大家索性就不说了。

改进：主动问问自己的老板，或是信任的同事，自己是否有需要改进的。

（×）自从我和广弘发生争执后，梁大姐对我有意见，话中带刺，满嘴喷“粪”；

理由：自己和广弘的问题，不该牵扯到别人身上。同时，猜忌不利于关系的和睦。

改进：如果觉得梁大姐对我就有意见，不如带着温和，直接去问她，是否得罪了她。

（×）张主任说我在工作中只想着自己，眼里没有其他同事，太伤人了，他不了解我；

理由：不要太快下断言。主任既然表达了他的意见，可能他希望我成长。

改进：可以请主任举个具体发生过的例子，帮助我明白。

（×）每次有人和我提建议时，我都会说：“谢谢您！”然后我就会忘掉；

改进：除了说“谢谢您”，我也应该思考别人的建议，并付诸行动。

（×）我很纠结要否换工作，本想找好友张光诉苦，没想到他竟然说我懒，别人在单位说我，我就认了，可是10年的好友，为什么他也“打压”我？我很难过。

理由：既然不同的人都在说我懒，那可能我在此方面真的有些问题。

改进：真正的知己，知道对方心中想达成的目标。因此，不如反思，请对方具体明示。

（×）程鹏提醒我该买保险，我觉得他是暗示我去和他做保险代理的姐夫买，我才不呢！

理由：程鹏有可能是在暗示，但也有可能就是出于对我的关心，我应该更多了解一些。

改进：请教程鹏为何会这样建议。

2. 阅读三部曲（注：每个人的心得与目标或许是不一样的，此答案只做参考。）

第一，通过本次阅读，所总结出的2~3点心得

心得1：宗庆后作为董事长和总经理，真的对管理很下功夫，一直在寻求创新；

心得2：宗庆后的管理经验是“高度集中下的分级授权管理”；

心得3：他在管理中，觉得有些员工自认为聪明，很难管。

第三，我自己成长的目标是：

我的成长目标1：希望我不会成为那种难管理的人，或许我该放下自以为的聪明。

我的成长目标2：宗庆后说不管怎样，关键是把产品做好，企业管好，我也需要这种见识，抓到工作重点，专心把手上的工作搞好。

法则五　合作豁达不自我

五、情景时间

2. 帮帮巧珍

下面列出些原则，可以帮助巧珍来思考，指导她如何带领小组，并帮助组员成长。

2.1　同事间有不同意见是正常的，小张和小唐不必影响关系，该奉行“对事不对人”原则。

2.2　团队中每个人的角色是不一样的。例如老梁，好像一个黏合剂，他的存在是有价值的。

2.3　团队中，每个人的做事方法，工作习惯也会有差异，要彼此理解，互相配合。

2.4　虽然每个人的特质不一样，但大家要有集体观念，所有的出发点要以团体利益为重。

2.5　秦姐需要学习融入团队，并且分享自己的经验、需要和工作状况。

2.6　每个人都是重要的，哪一环出了状况，对全组都会有影响。秦姐应该早说自己有病。

2.7　遇到组员有争执，巧珍需要智慧地去处理，而不是就“搁”在那里，等着其自生自灭。小张和小唐，缺少了老梁的协调，加上巧珍的“不作为”，关系越来越僵。

2.8　工作不仅是忙技术，若是无法处理好组员的关系，最终生产力无法保障。

2.9　巧珍应该允许队员间有磨合，但是在平常要加强团队建设，帮助大家看重合一。在队员间培养关爱与尊重的气氛是必要的，大家要有共同的认知。巧珍作为组长，要主动关心队员，这样才能帮助组员解决矛盾，也会使秦姐消除顾虑，主动说出自己的需要。

3. 请填空，完成雁行理论。

野雁每年要飞行好几万英里，没有一只野雁会升得太高，当领头雁鸟展翅拍打时，其它雁鸟会跟进，借由V字队形，整个雁群比单飞时，至少增加71%的飞行距离。

雁行理论：目标相同，彼此推动，能更快速且容易到达目的地。

脱队的大雁，会感到独自飞行的吃力，会立刻回到队形，继续享用鸟群的浮力。

雁行理论：接受中给予，给予中接受愿意接受他人协助，也愿意帮助他人。

它们强化自我专长，协力互助，当领队的野雁累了，会轮流飞在最前端。

雁行理论：轮流执事/换位思考/共享领导，领导与被领导/良性竞争。

后面的雁鸟会利用叫声来鼓励前面的同伴，以保持整体的速度。

雁行理论：多鼓励，而非嘘声批评，让我们调整步伐，鼓励更能让大家往前迈进。

当有一只鸟生病或受伤时，会有两只飞下来协助照顾它，直到它康复或者死亡为止。

雁行理论：相互包容，接纳彼此，支持陪伴，共同面对各种挑战。

雁鸟数万里迁徙的和谐，或许源于了解没有风，就飞不起来，同心感恩风的助力。

雁行理论：心存感恩，迈向目标。

法则六　感恩坚忍不放弃

一、短片讨论

1. 单点鸡块

小讨论：

1.1　视频中，全世界会有25000人死于饥饿，你们猜是多久？一年？五年？
（答案是每天，你对这个数字感到惊讶吗?）

1.3　那些贫困的孩子，是用什么心情对待捡回来的食物?（提示：用感恩的心。）

五、情景时间

3. 情景讨论：失败的领悟

3.1 A 错误的价值观是什么？

B 失败的领悟是什么？

C 可以怎样帮助他？

3.1.1 A 错误价值观：认为自己“每次都会把好机会搞砸了！”

B 失败的领悟：遇到冲突时，要有良好的沟通，而非吵架或辞职。

C 怎样帮助他：管理情绪，学习沟通。重点是下次怎么做，相信还有新的机会。

3.1.2 A 错误价值观：认为自己没有价值，上大专没出息，注定是个失败者。

B 失败的领悟：结论下得太早，自己是有价值的，任何时候都可以重新开始。

C 怎样帮助他：高考“失败”过一次，就更要抓住现在的机会，找学习方法。

3.1.3 A 错误价值观：自己的存在，是别人的麻烦；活在错误的自责里面。

B 失败的领悟：生命是宝贵的，每个人的出生都不是偶然的，应学习做事方法。

C 怎样帮助她：不能轻看自己，你注定会得到别人的祝福。不要怕，相信自己。

3.1.4 A 错误价值观：不思考给别人的困扰，反而还觉得大家都拒绝、欺负她。

B 失败的领悟：听清楚不是小事，去掉不耐烦；应自我检讨，而非怪罪他人。

C 怎样帮助她：要公平，不能总想着自己的感觉（自怜），要想对别人的影响。

3.1.5 A 错误价值观：自认为能力很强，看不起小事情，不愿脚踏实地，喜欢拖拉。

B 失败的领悟：做好小事，才能做成大事，每个人都需要成长改变，不说大话。

C 怎样帮助他：以小见大，活在当下，学习在枯燥和无聊中把每件小事做好。

3.1.6 A 错误价值观：自己永远是对的，公司不支持他，或是不信任他，处罚不公平。

B 失败的领悟：讲诚信，只承诺能做到的服务，受得起委屈挫折，可以忍耐。

C 怎样帮助他：感谢公司还给机会，思考下次怎样和客户讲，忍一时风平浪静。

3.1.7 A 错误价值观：自己一定比别人强，事情都要一帆风顺，才叫好，见不得受苦。

B 失败的领悟：不该为不顺利而长期下沉，要想保持竞争优势，就得持续学习。

C 怎样帮助她：多感恩，不嫉妒，不让私人情感影响工作，经历“化妆的祝福”。

法则七 正直守法不贪婪

五、情景时间

1. 请你来评评理：（以 1.1 为例，给出参考答案，请自行完成 1.2 和 1.3）

A 注意界限：只完成分内的工作。张强不能冒充人事主管，擅自处理。

诚信正直：不应骗顾客，不能擅自处理与己不相关的公事。

朋友之情：这种行为不是在帮朋友，更不应以此为由索取回报（请吃饭）。只有王浩知道了问题才能改进，否则还会再犯。

2. 我该怎么办？在处理这样的问题时，可把握的原则有（仅提供两题答案作参考）：

√ 找出界限，什么能做、该做，什么是红线，不能做；

√ 态度很重要，要带着谦和与理解，多用商量的口气，避免条条框框；

√ 学习智慧中的坚持，同样情况，有无智慧，处理结果会大不一样；

√　敢于沟通，带着温和寻求帮助，如2.6，和派你去做账的老板谈谈，可能多了保护。

2.1　跟老总说真话是必要的，但需要有智慧，例如请他保护你，不说出信息来源。

2.2　做人有底线，必须感恩，要感谢小李之前的帮忙；事情有红线，不能透露商业机密。要在智慧中表达，态度温和，乐呵呵地拒绝，例如：可以说，你上次帮我，我记着呢。只是告诉你，我就睡不着觉了。你也知道有关知情人，公司要报告给监管部门的。

法则八　高效自律不拖拉

一、短片讨论

1.1　短片中的保安三问是什么？将其应用于人生的三个问题是什么？

保安三问：1. 你是谁？

2. 你去哪儿？

3. 你来这干吗？

人生三问：1. 我是什么样的人？

2. 我因为什么样的原因来到这个世界上？为什么活着？

3. 我的人生使命是什么？

1.2，1.3 请参考课件内容。

二、高效沟通

4. 团队沟通

A　表达练习：事实＋感受

请问你在图上看到的是（事实）：图上有四个人，有个人流着汗在拉车，另外两个人流着汗推车，推车是方形轮子，装满了东西。还有一位手上拿着两个圆形的轮子说着“你们……”，而这三人分别说着“加油加油!”“不需要”“没看到我们在忙吗?”。

你觉得图画想表达的是（感受）：

没人理找到方法的人，如果他们有好的沟通，试试圆形的轮子，他们就不会这么辛苦。

五、情景时间

1. 看图说话（以“1.2 帮帮小谭、晓东与小威”为例）

A　我看见（事实）：小谭，生气的面部表情，在说：“应该马上解决”“真搞不懂他们！不懂得配合”，心里想着她和晓东说话的情景，晓东回复：“让我做完这个再说”，还有她想和小威谈，小威边喝边说：“我现在没心情”，还比了一个停止的手势。

我认为（感受）：小谭是喜欢尽快把事情处理了，有矛盾尽快解决，谈开了就好的人。但晓东和小威与她处理事情的习惯不同。小威可能遇到冲突，喜欢躲。无论怎样，小谭若坚持自己的做法，于事无补，既解决不了问题，也恢复不了关系。

尽职尽责不马虎
真实鼓励不抱怨
自信进取不自卑
受教易学不受挫
合作豁达不自我
感恩坚忍不放弃
正直守法不贪婪
高效自律不拖拉
忠诚敬业不浮躁
智慧喜乐不慌乱

B　请思考他们三位各自的功课是什么，并列出你的建议：

小谭：团队沟通，尊重别人的习惯；不强求，不生气。

晓东：先了解小谭要说什么，看着对方（尊重）表达。

小威：不逃避，敢于面对，或直言“我需要想想再谈”。

3. 分类与全面

A类：<u>日常与会议</u>	B类：<u>财务报账</u>	C类：<u>老板行程</u>
B. 3/25 上午全体员工开会 1. 通知全体员工（确定人数） 2. 预定场地 3. 跟老板确定开会资料及 PPT 内容 4. 准备资料及 PPT 5. 请老板审阅准备的资料及 PPT	D. 老板的上海行程报销（3/18 前） 1. 2/19 跟老板要登机牌及餐厅收据 2. 准备报账单据并交予财务部 3. 确认财务部收到 4. 确认报销的钱款打入对的账户	A. 老板上海行程 1. 订 2/9 ~ 2/18 北京飞上海来回机票 2. 跟上海王总约定时间 3. 跟小雷约定时间 4. 订餐位 5. 通知王总/小雷就餐时间 6. 提醒老板准时赴约
（续 B 项） 6. 修改审阅后的资料及 PPT 7. 准备茶点、资料打印装订 8. 预备会议现场 （麦克风/电脑/投影仪/桌椅摆设/茶点摆设等） 9. 预备做会议记录	C. 员工大会的费用报账（4/1 前） 1. 3/26 准备报账单据 （场地、茶点、开会资料等收据） 2. 确认财务部收到 3. 确认报销的钱款打入对的账户	E. 老板跟董总见面 1. 跟老板确定开会目的、参会人员、参会资料 2. 联络董总的秘书、确定会议时间 3. 预定会议室 4. 当天准备茶水和通知前台访客姓名 5. 前一天通知老板行程
G. 年度考核 1. 列出各部门领导名单 2. 联络部门领导、确定考核时间 3. 将各门市部领导考核时间做成表格（领导考核时间表） 4. 逐一通知考核时间及地点在 2 楼会议室	F. 跟财务部小李谈下半年度的预算 1. 联系小李约定时间 2. 预定会议室 3. 准备预算报表，并请老板审阅 4. 向老板报告会议记录	G. 年度考核 1. 各部门领导考核时间表给老板过目 2. 询问老板考核时需要的材料并预备 3. 当天提醒老板考核时间

	代办事项（What）	相关人（Who）	处理方式（How）	截止日期（When）
1	老板上海行程	老板、王总，小雷、餐厅		2/9 去上海
			1. 订 2/9 ~ 2/18 北京飞上海来回机票	3 个礼拜前 （1/18）
			2. 跟上海王总约定时间	2 个礼拜前 （1/25）
			3. 跟小雷约定时间	2 个礼拜前 （1/25）
			4. 订餐位	1 个礼拜前 （2/2）
			5. 通知王总/小雷就餐时间	1 个礼拜前 （2/2）
			6. 提醒老板准时赴约	前一天 （2/8）
2	全体员工开会	全体员工、老板、场地出租方		3/25 上午员工大会
			1. 通知全体员工（确定人数）	1 个月前 （2/25）
			2. 预定场地	1 个月前 （2/25）
			3. 跟老板确定开会资料及 PPT 内容	2 个礼拜前 （3/11）
			4. 准备资料及 PPT	1.5 个礼拜前 （3/14）
			5. 请老板审阅准备的资料及 PPT	1.5 个礼拜前 （3/15）
			6. 修改审阅后的资料及 PPT	1 个礼拜前 （3/18）
			7. 准备茶点，资料打印装订	4 天前 （3/21）
			8. 预备会议现场（麦克风/电脑/投影仪/桌椅摆设/茶点摆设等）	3 天前 （3/22）
			9. 预备做会议记录	1 天前 （3/24）
3	老板的上海行程报销	老板、财务部	1. 跟老板要登机牌及餐厅收据	老板回来后 1 天 （2/19）
			2. 准备报账单据并交予财务部	老板回来后 2 天 （2/20）
			3. 确认财务部收到	递送后 1 天 （2/21）
			4. 确认报销的钱款打入对的账户	递送后 1 ~ 2 礼拜 （3/7）

法则九　忠诚敬业不浮躁

五、情景时间

1. 是非判断题：请选择是与非（在后面画勾），并简单陈述理由

A（非）理由：尽职尽责，除了指把工作内容做好，也包括要按时完成任务。小霞已经检查过了，需要克服完美主义。尽责的人不拖拉。

B（非）理由：生涯规划，应该呈现出阶梯状，既要寻求上升，也要在一个岗位安心踏实地工作一段时间（1~5年）。三年换了4份工作太频繁了，不禁让人怀疑他是否有能力在一个岗位上做好。而谎称母亲生病请假去面试，则表现为不诚实，没诚信。

C（是）理由：在背后议论，说人坏话，都会散布负面、破坏团队合一。有意见要和当事人提，避免闲言闲语。每个人都有责任多鼓励他人，维护所在团队的合一。

D（非）理由：个人与领导的问题和矛盾，最好独立解决，而且也要分清界限，看是哪类的问题。联合其他同事，只能带来纷争和对抗，使人无法安心工作。

E（非）理由：团队里各有分工，每个岗位都是重要的。要踏下心来，去除浮躁；刚开始工作，要努力"生存"下来，把每个岗位都当作学习的机会，不争竞，不比较。同时要克服主观，很多时候，自己看得也不一定准。若实在无法安心，应该带着谦和，去和老板求证，真实的情况到底是什么？而非仅限于猜忌。

2. 情景时间：我该怎么办？

2.1　原则1：职业训练，第一步，都是要去除浮躁的心。一个能塌下来心，认真做事的人，就会开始进入职业发展。因此，工作的性质和内容并不那么重要，不如把这些都作为测试自己能否塌下心来的挑战，以此训练自己。

原则2：既然签约了，或答应开始实习/工作了，无论待遇如何，无论环境如何，都应仔细认真，完成上级所交代的实习任务/工作，这属于诚信的问题。

原则3：在完成工作量的同时，的确要思考自己的发展方向，多观察学习其他老师是如何教课的，相信在任何时候或地方，都可以学到东西。

原则4：不是看到希望再继续走，而是走下去就会看到希望。

2.2　当我们与同事或老板无法很好沟通或相处时，压力和负面会随之而来，影响情绪和身体，自然会影响工作效率。很明显，这两位都有些错误的认知，让我们来帮助他们：

A　认为问题是对方造成的：别人抱怨，我自省；

B　我看到的都是真实的吗？事情的真相是什么？别人抱怨，我思考；

C　常和员工生气的老板：豁达的人，只记好处、忘掉伤害、恩慈相待；

D　觉得老板打压自己的员工：跳出来思考、看到亏欠，愿意道歉；

E　员工面对自己的上级：顺从老板，看重次序；

F　老板面对不听话的下属：多鼓励，爱心提醒，助人成长；

G　肩膀酸痛和头疼上火：快乐是个选择，无论如何，快乐每一天。

法则十　智慧喜乐不慌乱

五、情景时间

1. 摸索规律：

A－1：（8L 转 180 度看）；

整个停车格的都被转 180 度颠倒来看了，其实编号就是单纯的 86－91

A－2：问号处应该是什么数字？数字应该是 91

A	B	C	D	E
2	3	4	15	12
3	4	5	28	20
4	5	6	45	30
5	6	7	66	42
6	7	8	?	56

方法 1：（看直的）看 D 列数的数差

28－15＝13

45－28＝17

66－45＝21

？－66＝25

方法 2：（看横的）

B 列×C 列＝E 列

B 列×第几行＋B 列×C 列＝D 列

3×1＋3×4＝15

7×5＋7×8＝91

方法 3：（A 列＋B 列）×B 列＝D 列

（2＋3）×3＝15

（6＋7）×7＝91

B：记忆力比赛练习

第一题：5　3　4　7　9

第二题：2　8　1　6　5

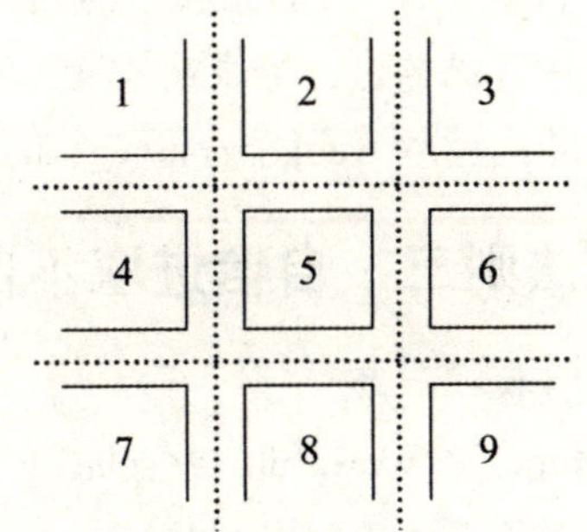

规律：如果你能把这些符号归纳成“井”字形来记，就会非常好记，而且不会忘。

3. 综合考核

（每一题的答案，都依据从上往下数的顺序）

A　有关尽责：　（×）　（×）　（√）　（×）

B　有关自我形象：（√）　（×）　（√）　（×）

C　有关沟通：　（√）　（√）　（×）　（×）

D　有关效率：　（×）　（×）　（√）　（√）

E　有关喜乐：　（√）　（√）　（√）　（√）

视频链接一览表

法则一　尽职尽责不马虎

危情时速

http：//www. mgtv. com/b/9424/1120484. html

令人惊叹的花式跳伞

http：//baidu. ku6. com/watch/5027791320701375152. html？ page = videoMultiNeed

法则二　真实鼓励不抱怨

在天堂遇到的五个人

第一部分：

http：//www. tudou. com/programs/view/eRowo3W6gJA/？ spm = a2h0k. 8191407. eRowo3W6gJA. A. 04P7rj

第二部分：

http：//www. tudou. com/programs/view/S9YCWScHoQc/？ spm = a2h0k. 8191407. S9YCWScHoQc. A. 04P7rj

抱怨是没有用的

http：//www. tudou. com/programs/view/ny_ 05bezZko/

爱的回旋曲

http：//v. qq. com/x/page/j0145ava5o7. html？ ptag = so_ iqiyi_ com

一句玩笑话，带来的血案

http：//v. youku. com/v_ show/id_ XMTM0NTQzNDU2. html？ from = s1. 8 - 1 - 1. 2

法则三　自信进取不自卑

叫我第一名

http：//www. fun. tv/vplay/g - 965/

害怕照镜子的靳魏坤

http：//v. youku. com/v_ show/id_ XMTcwMzk2ODYyNA = =. html？ beta&from = s1. 8 - 1 - 1. 2&spm = 0. 0. 0. 0. paV1gm

法则四　受教易学不受挫

“霸道总裁”的一天

http：//www. iqiyi. com/w_ 19rssx5w79. html

乔布斯的挫商

http：//v. youku. com/v_ show/id_ XMjY3NDI5NjE2. html？ beta&from = s1. 8 - 1 - 1. 2&spm = 0. 0. 0. 0. kvB7Uc

赖佩霞：孩子也是导师

http：//xiyou. cctv. com/v - 78e45eff - 76f4 - 11e6 - 882d - ecf4bbe6b56c. html

亡羊补牢

http：//v. youku. com/v_ show/id_ XMTcyODAyNjU0NA = =. html

法则五　合作豁达不自我

雁行理论

http：//v. youku. com/v_ show/id_ XMTM1Nzk3NjQ4NA = =. html? beta&from = s1. 8 - 1 - 1. 2&spm =0. 0. 0. 0. SVVgPw

磨合为重——2016 里约奥运会美国男篮梦之队全员集结

http：//v. youku. com/v_ show/id_ XMTY1MDA0NjY4NA = =. html#paction

2004 雅典奥运会美国梦 6 队走下神坛

http：//www. tudou. com/programs/view/ww10uTLaB4c/? spm =0. 0. 0. 0. Et1Y0f

王旦宽以待人

http：//v. youku. com/v_ show/id_ XMTYwMzI3NDA =. html

以德报怨

http：//www. tudou. com/programs/view/bKWZsw7L22M/

法则六　感恩坚忍不放弃

单点鸡块

http：//v. youku. com/v_ show/id_ XOTk2NDIzMDQ =. html? from = s1. 8 - 1 - 1. 2

那个比我更晚去的女生

http：//www. tudou. com/programs/view/GrQ6DMLt_ 70

当流浪汉分享后

http：//v. youku. com/v_ show/id_ XMTYwODUzNjQ0MA = =. html? from = s1. 8 - 1 - 1. 2&spm = 0. 0. 0. 0. AAG2zs

黄国伦《人生的拆迁工程》

http：//www. iqiyi. com/v_ 19rrnwug44. html#vfrm = 2 - 3 - 0 - 1

盲女董丽娜——别把梦想逼上绝路

http：//v. youku. com/v_ show/id_ XMTUzMzA4OTUzMg = =. html

法则七　正直守法不贪婪

大学生借贷

http：//tv. sohu. com/20161107/n472466002. shtml? lcode = AAAAS1Qg8ltT _ Xr6afgv56LtCzojYTWkAvGrI5 - 4pgaSeIhb1ejJnF3D0qvTOQLc9ce4o1LJJKEab2qm_ AQcSTsJ9BdJWO5YlMvDS4LPlkLqEVXdnea&lqd = 17965

抢月饼风波

http：//v. youku. com/v_ show/id_ XMTczMTUyNDQyOA = =. html? from = s1. 8 - 1 - 1. 2&spm = a2h0k. 8191407. 0. 0#paction

贪婪是无底洞

http：//v. youku. com/v_ show/id_ XNTczNjM2MDQ =. html

四大秘籍远离电信诈骗

http：//v. youku. com/v_ show/id_ XMTYyODA5NDI1Ng = =. html

贵阳 11. 7 亿特大电信诈骗案

http：//v. youku. com/v_ show/id_ XMTU0NjEzNDMzNg = =. html? from = s1. 8 - 1 - 1. 2&spm =

a2h0k. 8191407. 0. 0

致命的密码

http：//tv. cntv. cn/video/C10326/184ccb0675844356b773d8f1cc733b79

央行曝光银行卡诈骗

https：//v. qq. com/x/page/h01964e70si. html

法则八　高效自律不拖拉

高效能人士的七种习惯

http：//v. youku. com/v_ show/id_ XMTczNzQ2NTE2MA = = . html? from = s1. 8 - 1 - 1. 2&spm = a2h0k. 8191407. 0. 0#paction

如何把握社交五要素

http：//v. youku. com/v _ show/id _ XMTMzMDA4MTE0OA = = . html? spm = a2h0k. 8191407. 0. 0. TcKUdO&from = s1. 8 - 1 - 1. 2）

法则九　忠诚敬业不浮躁

《职来职往》拒招浮躁员工

http：//v. youku. com/v_ show/id_ XMjg2NDM0NTE2. html

最美教师格桑德吉

http：//www. iqiyi. com/w_ 19rst2mcz1. html

世界冠军邓亚萍

http：//v. youku. com/v_ show/id_ XMTcyMDk1NTEwOA = = . html? from = s1. 8 - 1 - 1. 2&spm = a2h0k. 8191407. 0. 0

法则十　智慧喜乐不慌乱

犹太人的赚钱智慧

http：//v. youku. com/v _ show/id _ XODU0NTY0NTg0. html? from = s1. 8 - 1 - 1. 2&spm = a2h0k. 8191407. 0. 0

人生的流沙理论

http：//v. youku. com/v _ show/id _ XODAzNzE4MzY = . html? from = s1. 8 - 1 - 1. 2&spm = a2h0k. 8191407. 0. 0

哈佛大学最受欢迎的一堂课

http：//v. youku. com/v_ show/id_ XMTM1ODY5NzM0MA = = . html? from = s1. 8 - 1 - 1. 2&spm = a2h0k. 8191407. 0. 0